丝绸之路数学名著译丛

名誉主编 吴文俊 主编 李文林

算法与代数学

（修订版）

〔阿拉伯〕阿尔·花拉子米 著

依里哈木·玉素甫 武修文 编译

郭园园 审校

本书受吴文俊数学与天文丝路基金资助

科 学 出 版 社

北 京

内 容 简 介

　　花拉子米的《算法》与《代数学》是他的代表性著作，也是数学史上具有重要价值的著作。前书系统介绍了十进制记数法，不仅在阿拉伯世界流行，并被译成拉丁文在欧洲传播。后书主要讨论一元一次和一元二次方程，以及相应的四则运算。两书至今仍有很高的价值，被译成多国文字在全世界传播。本次出版的即为二合一的中文译本。

　　本书读者对象主要为数学工作者、数学史工作者及相关专业的大学师生。

图书在版编目 CIP 数据

算法与代数学/(阿拉伯)阿尔·花拉子米著;依里哈木·玉素甫,武修文编译. —北京:科学出版社,2008
　(丝绸之路数学名著译丛)
　ISBN 978-7-03-020145-4

　Ⅰ. 算… 　Ⅱ.①阿…②依…③武… 　Ⅲ.①算法理论②代数－研究
Ⅳ.0241 　O15

　　中国版本图书馆 CIP 数据核字(2007)第 177007 号

丛书策划:孔国平 / 责任编辑:孔国平　朱萍萍
　责任校对:胡小洁 / 责任印制:赵　博 / 封面设计:铭轩堂

科 学 出 版 社 出版
北京东黄城根北街 16 号
邮政编码：100717
http://www.sciencep.com
北京厚诚则铭印刷科技有限公司印刷
科学出版社发行　各地新华书店经销
*
2008 年 1 月第 一 版　　开本: B5 (720×1000)
2025 年 3 月第六次印刷　　印张: 8 3/4
字数: 146 000
定价:158.00 元
(如有印装质量问题，我社负责调换)

《丝绸之路数学名著译丛》编委会[*]

名誉主编：吴文俊

主　　编：李文林

委　　员：（按姓氏笔画为序）：

刘　钝　刘卓军　李　迪　阿米尔　沈康身

---

[*]　本编委会成员即"吴文俊数学与天文丝路基金"学术领导小组成员。

总　　序

　　李文林同志在本译丛导言中指出,古代沟通东西方的丝绸之路,不仅便利了东西方的交通与商业往来,"更重要的是使东西方在科学技术发明,宗教哲学与文化艺术等方面发生了广泛的接触、碰撞,丝绸之路已成为东西方文化交汇的纽带。"特别是在数学方面,"沿丝绸之路进行的知识传播与交流,促成了东西方数学的融合,孕育了近代数学的诞生。"

　　在李文林同志的精心策划与组织带动之下,我国先后支持并派出了几批对数学史有深厚修养的学者们远赴东亚特别是中亚亲访许多重要机构,带回了一批原始著作,翻译成中文并加适当注释。首批将先出版 5 种,具见李的导言。它们的深刻意义与深远影响,李文言之甚详,不再赘述。

吴文俊

2007.9.30

丝路精神　光耀千秋

——《丝绸之路数学名著译丛》导言

李文林

吴文俊院士在 2002 年北京国际数学家大会开幕式主席致辞中指出：

"现代数学有着不同文明的历史渊源。古代中国的数学活动可以追溯到很早以前。中国古代数学家的主要探索是解决以方程式表达的数学问题。以此为线索，他们在十进位值制记数法、负数和无理数及解方程式的不同技巧方面做出了贡献。可以说中国古代的数学家们通过'丝绸之路'与中亚甚至欧洲的同行们进行了活跃的知识交流。今天我们有了铁路、飞机甚至信息高速公路，交往早已不再借助'丝绸之路'，然而'丝绸之路'的精神——知识交流与文化融合应当继续得到很好的发扬。"[1]

正是为了发扬丝路精神，就在北京国际数学家大会召开的前一年，吴文俊院士从他荣获的国家最高科技奖奖金中先后拨出 100 万元人民币建立了"数学与天文丝路基金"（简称"丝路基金"），用于促进并资助有关古代中国与亚洲各国（重点为中亚各国）数学与天文交流的研究。几年来，在吴文俊丝路基金的支持、推动下，有关的研究得到了积极的开展并取得了初步的成果，《丝绸之路数学名著译丛》就是丝路基金首批资助项目部分研究成果的展示。值此丛书出版之际，笔者谨就"丝路基金"的创设理念、学术活动、课题进展以及本丛书的编纂宗旨、内容和所涉及的中外数学交流史的若干问题等作一介绍和论述。

一

两千多年前，当第一批骆驼队满载着货物从长安出发，穿过沙漠向西挺进的时候，他们大概并没有意识到自己正在开辟一条历史性的道路——丝绸之路。千余年间,沿着不断延拓的丝绸之路,不仅是丝绸与瓷器源源流向中亚乃至欧洲,更重要的是东西方在技术发明、科学知识、宗教哲学与文化艺术等方面发生了广泛的接触、碰撞,丝绸之路已成为东西方文化交汇的纽带。

特别是就数学而言,沿丝绸之路进行的知识传播与交流,促成了东西方数学的融合,孕育了近代数学的诞生。事实上,诚如吴文俊院士自20世纪70年代以来的数学史研究所揭示的那样,数学的发展包括了两大主要活动:证明定理和求解方程。定理证明是希腊人首倡,后构成数学发展中演绎倾向的脊梁;方程求解则繁荣于古代和中世纪的中国、印度,导致了各种算法的创造,形成了数学发展中强烈的算法倾向。统观数学的历史将会发现,这两大活动构成了数学发展的两大主流,二者相辅相成,对数学的进化起着不可或缺、无可替代的重要作用,而就近代数学的兴起论之,后者的影响可以说更为深刻。事实上,研究表明:作为近代数学诞生标志的解析几何与微积分,从思想方法的渊源看都不能说是演绎倾向而是算法倾向的产物。

然而,遗憾的是,相对于希腊数学而言,数学发展中的东方传统与算法倾向并没有受到应有的重视甚至被忽略。有些西方数学史家就声称中国古代数学"对于数学思想的主流没有影响"。要澄清这一问题,除了需要弄清什么是数学发展的主流,同时还需弄清古代中国数学与天文学向西方传播的真实情况,而这种真实情况在许多方面至今仍处于层层迷雾之中。揭开这层层迷雾,恢复中西数学与天文传播交流历史的本来面目,丝绸之路是一条无可回避和至关重要的线索。

中国古代数学在中世纪曾领先于世界,后来落后了,有许多杰出的科学成果在14世纪以后遭到忽视和埋没,有不少甚至失传了。其中有一部分重要成果曾传到亚洲其他国家,特别是沿丝绸之路流传到中亚各国并进而远播欧洲。因此,探明古代中国与亚洲各国沿丝绸之路数学与天文交流的情况,对于客观地揭示近代数学中所蕴涵的东方元素及其深刻影响,无疑具有正本清源的历史价值。

当今中国正处在加快社会主义现代化建设、赶超世界先进水平的重要历史时期。我们要赶超,除了学习西方先进科学,同时也应发扬中国古代科学的优良传统。吴文俊院士获得国家最高科技奖的两大成就是拓扑学和数学机械化研究,其中数学机械化是他在70年代以后开拓的一个既有强烈的时代气息、又有浓郁的中国特色的数学领域。吴先生说过:"几何定理证明的机械化问题,从思维到方法,至少在宋元时代就有蛛丝马迹可寻。"他在这方面的研究"主要是受到中国古代数学的启发"。数学机械化理论,正是古为今用的典范。吴文俊先生本人这样做,同时也大力提倡年轻学者继承和发扬中国古代科学的优良传统,并在此基础上做出自己的创新。要继承和发扬,就必须学习和发掘。因此,深入发掘曾沿丝绸之路传播的中国古代数学与天文遗产,对于加强我国科学技术的自主创新同时具有重要的现实意义。

这方面的研究以往由于语言和经费等困难在国内一直没有得到应有的开展,而推动这方面的研究,是吴文俊先生多年来的一个夙愿。他设立的"数学与天文丝路基金",必将产生深远影响。丝路基金旨在鼓励支持有潜力的年轻学者深入开展古代与中世纪中国与其他亚洲国家数学与天文学沿丝绸之路交流传播的研究,努力探讨东方数学与天文遗产在近代科学主流发展过程中的客观作用与历史地位,为我国现实的科技自主创新提供历史借鉴,同时通过这些活动逐步培养出能从事这方面研究的年轻骨干和专门人才。为了具体实施"吴文俊数学与天文丝路基金"的宗旨与计划,根据吴文俊院士本人的提议,成立了由有关专家组成的学术领导小组。该小组负责遴选、资助年轻学者立项研究,并在必要时指派适当人员赴中亚、日本与朝鲜等地进行专门考察,特别是调查中国古代数理天文典籍流传这些地区且幸存至今的情况;负责审议当选项目的研究计划,并争取与有关科研、教育部门联合规划,多渠道多途径地支持、保证计划的落实;负责评价资助项目的研究报告,支持研究结果的出版;赞助有关的国际会议,促进围绕丝路项目的国际合作,等等。

二

丝绸之路之起源,最早可以追溯到商周、战国,其基本走向则奠定于汉代:以长安城为起点,向西穿过河西走廊,经新疆、中亚地区而通往欧洲、北非和南亚。在以后的数千年中,丝绸之路虽然历经拓展,但其主要干线却维持稳定。人们习惯上称经中亚通往欧洲和北非的路线为西线;称经中亚而通往南亚的路线为南线。另有自长江与杭州湾口岸城市(扬州、宁波等)东渡日本或从辽东陆路去朝鲜半岛的路线,亦称丝绸之路东线。吴文俊"数学与天文丝路基金"支持的研究对象,原则上包括所有这

三条路线,战略重点则在西线。目前已支持的研究项目有:

1. 中亚地区数学天文史料考察研究;
2. 斐波那契《计算之书》的翻译与研究;
3. 中世纪中国数学与阿拉伯数学的比较与交流研究;
4. 中国朝鲜数学交流史研究;
5. 中国数学典籍在日本的流传与影响研究;
6. 中国传统数学传播日本的史迹调研

以下根据各项目组的汇报简要介绍研究进展。

1. 中亚地区数学天文史料考察研究(新疆大学:依里哈木、阿米尔)

阿拉伯文献蕴涵着了解、揭示沿丝绸之路数学与天文交流实况的丰富史料和重要线索。新疆大学课题组的任务就是要深入调研中亚地区数学与天文学原始资料。该组具有地理上的优势,两位成员均能接触阿拉伯数学与天文学文献。到目前为止他们已调研了包括历史名城萨马尔罕在内的乌兹别克斯坦和哈萨克斯坦多个城市图书馆收藏的 1000 余份原始资料,带回 2000 余幅照片和下列作者的 17 本书:

al-Khowarizmi(783—850)

al-Farabi(870—950)

lben Sina(980—1037)

al-Biruni(973—1048)

al-Kashi(1380—1429)

Ulugh Beg(1397—1449)

该课题组与乌兹别克科学院及中国科学院的研究人员合作,已完成 al-Khowarizmi 两部著作(《算法》与《代数学》)的翻译,目前正在研究 Al-Kashi 及其代表性著作《算术之钥》并将其译中文(带评注)。课题组成员关于 Ulugh Beg 天文著作的研究显示了中国与伊斯兰世界天文与历法的许多相似性。

2. 斐波那契《计算之书》的翻译与研究(上海交通大学:纪志刚)

斐波那契及其《计算之书》(亦译作《算经》或《算盘书》)对于了解中世纪中国与欧洲之间数学知识的传播具有重要意义。然而长期以来中国学者却只能利用一些数学通史和原著选集中摘录的片段。上海交通大学课题组的任务是对中国古代数学典籍与斐波那契《计算之书》中的数学进行全面的比较研究。作为第一步,该课题组已完成《计算之书》的中文翻译,同时通过对原著的认真研读,做出了许多比较性评注,涉及三次方程的数值解、盈不足术、分数运算及一些典型中肯的相似性讨论。相信该项研究对于揭示欧洲近代数学兴起的东方元素是有意义的。

3. 中世纪中国数学与阿拉伯数学的比较与交流研究(辽宁师范大学:杜瑞芝)

俄罗斯学者对于伊斯兰数学与天文学已有大量研究,这些研究对于丝路基金的研究计划是很有帮助和借鉴作用的。辽宁师范大学课题组在充分利用俄文资料的基础上,对世界各大图书馆收藏的阿拉伯数学文献的情况开展了调研,并进行了中世纪中国与伊斯兰数学若干问题的比较研究,特别是关于 Al-Samaw'al(1125—1174)及其代表著作《算术》的研究。

4. 中国朝鲜数学交流史研究(内蒙古师范大学:郭世荣)

5. 中国数学典籍在日本的流传与影响研究(清华大学:冯立升)

6. 中国传统数学传播日本的史迹调研(天津师范大学:徐泽林)

以上三个课题组均属于所谓"东路"的范畴,但各有不同的重点。清华组主要从事中国古代数学经典在日本流传及影响的调研,天津组侧重于幕府时期数学著作的比较研究,而呼和浩特组则集中挖掘中国与朝鲜半岛数学交流的原始资料并进行比较分析。三个课题组对现存于日本和韩国下列图书馆的中国古代数学经典开展了较为彻底的调研:

日本的东京大学图书馆、日本学士院、日本国会图书馆、宫内厅书陵部、东京理科大学、早稻田大学、庆应义塾大学、京都大学、东北大学、同志社大学;韩国的延世大学、首尔大学、汉阳大学、高丽大学、梨花女子大学、奎章阁图书馆、藏书阁图书馆。

同时根据调研结果,相互合作编纂完成了一部日本和韩国图书馆中国古代数理天文著作藏书目录,收录了日本各主要图书馆收藏的 2000余种、韩国各主要图书馆收藏的 100 余种著作,其中有一些是珍本甚至是在中国本土已失传的孤本(如韩国延世大学藏《杨辉算法》新抄本、日本幕府时期的刘徽《海岛算经》图说本等)。笔者相信,这部目录提供了关于中国古代数学与天文历法著作流传日本和朝鲜半岛情况的迄今最完全的信息。除此以外,上述三课题组的成员还在原著调研的基础上完成了若干研究专著。

三

作为吴文俊丝路基金资助项目部分研究成果的《丝绸之路数学名著译丛》(简称《译丛》),首批计划出版 5 种,它们分别是:

(1) 阿尔·花拉子米:《算法与代数学》

本书由阿尔·花拉子米的两部著作《算法》、《代数学》的中文译本组成。花拉子米(al-Khowarizmi,约公元 780—850)是中世纪阿拉伯的领头数学家,他的名字已跟现代数学两个最基本的术语——"算法"(Algorithm)与"代数"(Algebra)联系在一起。《算法》一书主要介绍十进位值制算法,而十进位值制的故乡恰恰是中国。该书原无书名,国外文献习称《印度计算法》,系西方学者所生加。《代数学》一书阿拉伯文原名《还原与对消计算概要》,系统讨论一元二次方程的解法,在西方文献中,它已成为以解方程为主题的近代代数学之滥觞,而代数方程求解正是中国古代数学的主要传统。

(2) 阿尔·卡西:《算术之钥》

阿尔·卡西(Al-Kashi,?—1429)领导的著名的撒马尔罕天文台聚集了来自欧亚各地的学者,应该也有中国历算家。在已公开出版的传世阿拉伯数学著作中,阿尔·卡西的《算术之钥》是反映中国古典数学传播与影响信息最为丰富的一部。

(3) 斐波那契:《计算之书》

斐波那契(Leonardo Fibonacci,约 1170—1250)是文艺复兴酝酿时期最重要的欧洲数学家。他所生活的意大利地区作为通向欧洲的丝绸之路的终点,成为东西文化的熔炉。斐波那契的《计算之书》可以说正是中国、印度、希腊和阿拉伯数学的合金。即使是西方学者,也早有人指出:"1202 年斐波那契的巨著中所出现的许多算术问题,其东方来源不容否认。"[2]中文全译本使我们能发掘其中更多、更明显的东方元素。总之,斐波那契《计算之书》对于揭示文艺复兴近代数学的东方来源和中国影响,具有特殊的意义。

(4) 婆什迦罗:《莉拉沃蒂》

婆什迦罗(BhaskaraII,1114—约 1185)的《莉拉沃蒂》是古典印度数学的巅峰之作。从这部 12 世纪的印度数学著作中,人们不难看到《九章算术》的影子。这部有着美丽的名字及传说的著作,也是反映沿丝绸之路南线发生的数学传播与交流情况的华章。

(5) 关孝和等:《和算选粹》

和算无疑是中国古代数学在丝绸之路东线绽放的一朵奇葩。以关孝和、建部贤弘等为代表的日本数学家(和算家),他们的著述渗透着中国古代数学的营养,同时也闪耀着和算家们在中国传统数学基础上创新的火花。《和算选粹》是经过精选的、有代表性的和算著作(以关孝和、建部贤弘的为主)选集。

上述五种著作,都是数学史上久负盛名的经典、丝绸之路上主要文明数学文化的珍宝。此次作为《丝绸之路数学名著译丛》翻译出版,特就丛书翻译工作及中外数学交流的若干问题作如下说明:

首先,这五种著作都属首次中译出版,除最后一种外,在国外均有多种文本存在。各课题组在中译过程中都遵循了尽量依靠原始著作的原则。五种著作中有的(《算术之钥》、《和算选粹》)是直接根据原始语种文本译出;有的则通过与外国有关专家的国际合作做到最大程度接近和利用原始语种文本,《算法与代数学》和《莉拉沃蒂》的翻译就是如此;《计算之书》的翻译虽是以英译本为底本,但同时认真参校了拉丁原文。当然目前国内学者尚不能直接阅读梵文原著,利用阿拉伯文献的能力也还相当有限,但上述努力使中译本有可能避免第二语种译本中出现的某些讹误。另外可以说,各课题组的翻译工作是与研究工作紧密结合进行的。事实上,如果没有这种研究作基础,整个丛书的编译是不可能的。

其次,《译丛》为了解中外数学交流的历史面貌和认识中国古代数学的世界影响提供了原始资料和整体视角。

中国古代数学具有悠久的传统与光辉的成就。经过几代中外数学史家的探讨,现在怀疑中国古代存在有价值的数学成就的人已大为减少,但关于中国古代数学的世界影响特别是对数学思想主流的影响,则仍然是学术界争论的问题。这方面问题的解决,有赖于文献史料的发掘考据,更依靠科学观点下的理论分析和文化比较研究。丝路基金鼓励这样的发掘和研究。这套《译丛》,也正是为这样的发掘和研究服务,提供原始资料和整体视角。这方面的内涵当然有待于读者们去评析研讨,这里仅根据初步的通读举例谈谈笔者的感受。

古代印度和阿拉伯数学著作乃至文艺复兴前夕意大利斐波那契等人的书中存在着与《九章算术》等古代中国数学著作的某些相似性,这已被不少学者指出。但以往知道的大都是个别的具体的数学问题(如孙子问题、百鸡问题、盈不足问题、赵爽弦图等等),并且是从第二手的文献资料中获悉的片段。《译丛》提供了相关原著的全豹,使我们不仅可以找到更多的、具体的、相似的数学问题,而且可以进行背景、特征乃至体系上的比较,而后者在笔者看来是更为重要的。当我们看到《莉拉沃蒂》与《九章算术》相同的体系结构和算法特征,当我们意识到花拉子米《代数学》中处理一元二次方程的似曾相识的出入相补传统与手法……所有这一切难道能简单地一言以蔽之曰"偶然"吗?当我们考察分析花拉子米《算法》中所介绍的系统而完整的十进位值制算法时,难道能像那些抱有偏见的西方学者那样给这本原本没有书名的著作冠名以"印度计算法"吗?(其实,正如该书中译序言所指出的那样,花拉子米这本书的核心内容是介绍十进位值制算法。尽管印度记数法在 8 世纪已随印度天文书传入阿拉伯世界,但并未引起人们的广泛注意,花拉子米这本书的拉丁文译稿中几乎所有数码都采用的是当时在欧洲流行的罗马数码而非印度数码,由此可以看出欧洲人在 14 世纪以后才接受印度数码,同时也说明在最初的传播中,起实质性影响的并非数码符号而是十进位值制系统。)

笔者在这里特别想提一提《和算选粹》。和算的基础是中算,这一点是没有疑义的。但我们通过《和算选粹》所选录的关孝和、建部贤弘等人的著述可以看到,和算家们是怎样在中国古代割圆术与招差法的基础上开创了可以看做是微积分前驱的"圆理"研究;又怎样通过对天元术、四元术的接受与改造,建立他们自己的行列式展开理论与多项式消元理论。一个意味深长的事实是:和算家对曲线求积方法的不断探索,显示出企图复原祖冲之"缀术"方法的努力。总之,我们可以说:和算家们站在中国古代数学家的肩膀上接近了近代数学的大门。我们为中国古代数学的成就和发展势能感到自豪,同时也为明代以后中国传统数学的衰落而深陷反思。

在整个《译丛》的编译过程中,编译者们对"欧洲中心论"者们所表现的西方偏见感到惊讶。他们看到,在以往的一些西方文献中,这些著作所反映的大量的东方元素或中国元素是怎样被视而不见或轻描淡写。他们发现,执"欧洲中心论"的学者们,在评判东西方数学的价值问题上,所持的往往是双重标准。即以上面提到的"相似性"论之:按照正常的逻辑,当不同的文明在某个知识点上出现相似性时,最有可能和合理的解释应当是从年代久远者向晚近者传播,从高文化向低文化传播。然而有人却不可思议地提出"对于这些相似性的唯一合理解释是共同起源",即把这种相似性归结为所谓数学的"共同起源"(the common origin)———一种"口口相传的算术、代数和几何"[3],并把这个源头设定在新石器时代的欧洲。真是荒唐的逻辑和地道的子虚乌有,既没有任何实证和凭据,连备受欧洲中心论者们顶礼膜拜的欧几里得几何演绎法则也被抛到了九霄云外!

《译丛》的编译使我们认识到科学文化的欧洲中心论史观的劣根性,对于这类偏见的回答只能是:数学知识的传播,既不是将一杯水从 A 处移到 B 处,更不是虚无缥缈的"口口相传",而是遵循着文化发展自身的规律,对这种规律的认识,不能是沙文主义的臆造,而应该是客观的科学探讨。我们不赞成狭隘民族主义的文化观。问题是一元论的科学史观恰恰是一种与历史真相不符的文化沙文主义,因此从根本上是对科学发展的障碍。只有探明科学的多元文化来源,才能恢复历史的本来面目,古为今用,促进科学的共同繁荣与真正进步。这正是丝路基金的初衷。

四

我们已经做的工作只能说是迈出了第一步。吴文俊数学与天文丝路基金倡导的是一项任重道远、伟大艰巨而又功及百世的事业,不可能毕其功于一役,甚至需要几代人的努力。但重要的是脚踏实地地开始行动。下一阶段,我们将计划做好以下几件事:

首先是继续进一步开展原始资料的调研、挖掘。古代中外数学与天文交流的文献资料浩如烟海,《译丛》展示的不啻是沧海一粟。我们面临的是更为艰巨的任务。各课题组根据以往的调研经历认识到,泛泛而查好比大海捞针,何况一些失传已久的古代经典的重新发现,往往是可遇而不可求。我们需要从实际出发,从具体目标出发,有计划地进行工作。克莱茵曾这样谈论过"数学发现的奥秘":"选定一个目标,然后朝着它勇往直前。您也许永远不能抵达目的地,但一路上却会发现许多奇妙有趣的东西!"文化的探究又何尝不是如此。像《缀术》这样的失传名著,也许将永远密藏在地下的宝库,但发掘它们的努力,将会引导饶有意义甚至是重要的研究成果。

其次是在调研、积累的基础上大力开展比较研究。在笔者看来,用正确的观点和科学的方法对所获得的原始资料进行整理、分析和比较研究,在某种意义上说更为重要。即使如已译出的《译丛》各书,其比较研究也亟待深入。丝路基金将鼓励撰写中外数学天文交流史的比较研究专著,并着力组织,尽可能形成系列丛书。

最后是重点加强丝绸之路西线的工作,特别是着眼于人才培养。如前所论,古代中国与中亚各国乃至南欧国家的数学交流,对于揭示中国古代数学的主流影响,具有关键的意义。在过去几年里,相关课题组已作出很大努力,但这方面的研究依然薄弱,亟待加强。为此,已初步组建了丝路基金"西线工作小组",以具体任务带动人才培养,特别是建立能较熟练地掌握阿拉伯语种的中青年专家队伍。

在前一阶段的工作中,我们得到了国际同行学者的热情帮助和广泛支持。他们或提供信息、资料,或帮助校订译文,有的甚至慨允参考自己尚未公开发表的论著。《译丛》各书序言中已对这些分别作有鸣谢。进一步加强国际合作,无疑是我们在今后的工作中将要始终坚持的方针。

"千里之行始于足下"。希望《丝绸之路数学名著译丛》的翻译出版,能成为良好的开端,引导更多的有志之士特别是年轻学者投身探索,引起社会各界普遍的关注与支持,为弘扬中华科学的光辉传统与灿烂文化,同时也为激励更多具有中国特色的自主科技创新而作出重大贡献。

值此《丝绸之路数学名著译丛》出版之际,我们谨向吴文俊院士表示衷心的感谢和致以崇高的敬意。

丝路精神,光耀千秋!

参 考 文 献

[1] Wu Wen Tsun. Proceedings of International Congress of Mathematicians. Vol. I. Beijing. Higher Education Press. 2002:21-22

[2] Louis C. Karpinski. The History of Arithmetic. New York. Rand Mcnally, 1925

[3] B. L. van der Waerden, Geometry and Algebra in Ancient Civilizations, Springer,1983

[4] 顾今用. 中国古代数学对世界文化的伟大贡献,《数学学报》,1975,第 18 期

[5] 李文林. 古为今用的典范——吴文俊教授的数学史研究,《数学与数学机械化》(林东岱、李文林、虞言林主编),济南:山东教育出版社,2001:49-60

前　言

公元 8 世纪,阿拉伯数学随着阿拉伯帝国的兴盛而崛起。身处欧亚文化交汇地区的阿拉伯学者们,广泛吸收古希腊、印度与中国的数学成果,使阿拉伯数学在融合东、西方数学的基础上取得了对文艺复兴以后欧洲数学的进步有深刻影响的发展。

中世纪阿拉伯最重要的学术活动中心是巴格达,阿拔斯王朝(公元 750—1258)在那里设立的"智慧宫",聚集了大批学者,他们掀起了著名的翻译运动,将欧几里得、阿基米德、阿波罗尼奥斯、丢番图、托勒密、婆罗摩笈多等古希腊和印度数学家的著作译成阿拉伯文;同时,又做出了独创的贡献,其中最卓越的代表是著名的数学家、天文学家、地理学家、现代代数学的创始人和智慧宫领头学者之一的阿尔·花拉子米。

阿尔·花拉子米(Mohamined ibn Musa al-Khowarizmi,约公元 780—850),出生于波斯北部的花拉子模城(在今乌兹别克斯坦境内),曾就学中亚古城默夫(Mery),公元 813 年后到巴格达任职。

记载花拉子米的生平和他的科学活动的资料极为匮乏,目前还无法统计他作品的确切数量。现已发现的他的著述(包括完整的或残缺的)共有 18 部[1],但他的科学作品绝不止这些,很多作品早已失传。

花拉子米的《算法》与《代数学》是其保存相对完好的代表性著作。本书由花拉子米这两部著作的中文译本组成,其中《算法》部分由依里哈木根据乌兹别克文本同时参考俄文本译出;《代数学》部分先由武修文在罗森(F. Rosen)的英译本基础上译出,再由依里哈木根据乌兹别克文本和俄文本校对[2],最后经由中国科学院数学与系统科学研究院的李文林研究员审校定稿。

花拉子米的《算法》成书于公元 830 年前后,该书的阿拉伯文本早已失传,但在 1140 年前后曾被英国人杰勒德(Gerardo)或阿地拉提·巴提(Adelard Bat)译成了拉丁文,该拉丁文译稿在 14 世纪的抄件现收藏在英国剑桥大学图书馆。该书在西

---

[1]　Ашраф Ахмедов, АхМАД АЛ-ФАРГОНИЙ, ўзбекистон миллий знцклопе дияси Давлат илмий нашриёти, Тошкент. 1998й. p. 48-50.

[2]　2016 年 1 月版本代数学部分由郭园园根据 1831 年 F. 罗森英译本中所附的阿拉伯文本(Al-Khwarzmi's Algebra, A Reprint of the Rosen's Translation of 1831, Pakistan Hijra Council ,Islamlabad,1989,No. 80 of the "Great Books Project")和 R. 拉舍得 2009 年英译本中所附的阿拉伯文本(Al-Khwārizmī, The Beginnings of Algebra, Edited with translation and commentary by Roshdi Rashed. SAQI, Landon, 2009)修订。

方文献中一般被称为《印度计算法》,其实拉丁文译稿的原文中并没有给出书名。"印度计算法"(Algoritmi de nomero indorum)一名取自拉丁文译稿的第一段,其中第一个词 Algoritmi 实为花拉子米的拉丁译名,现代术语"算法"即源于此,有学者因此取其作为书名。

　　花拉子米在《算法》一书中系统介绍了十进位值制记数法,以及相应的计算方法。尽管印度数码和记数法在 8 世纪已随印度天文书传入阿拉伯世界,但并未引起人们的广泛注意,正是花拉子米的这本书使它们在阿拉伯世界流行起来。该书后来被译成拉丁文在欧洲传播,因此欧洲人一直称这种数码为阿拉伯数码。不过,在拉丁文译稿中几乎所有数码都采用的是当时在欧洲广泛流行的罗马数码,由此可以看出欧洲人在 14 世纪以后才接受印度数码,同时也说明在最初的传播中,起实质性影响的是十进位值制系统而非数码符号。

　　《代数学》(Algebra)是花拉子米最有代表性的作品,成书于公元 820 年前后。该书阿拉伯文原名 الكتاب المختصر فى حساب الجبر و المقابلة (al-kitap al-mukhta sarfi hisap al-Jabr wa al-muqabala),意为"还原与对消计算概要"。该著作 1342 年的阿拉伯文抄本现收藏于英国牛津大学伯得勒亚图书馆(编号 № Hunt 214,见图 1-1),1831 年罗森(F. Rosen)将该抄本译成了英文并在出版时附录了阿拉伯文抄本的照片[①]。1989 年巴基斯坦 Hijra 委员会又出版了 Rosen 译本的一个重印本(Al-Khwarazmi's Algebra, A Reprint of the Rosen's Translation of 1831, Pakistan Hijra Council, Islamabad, 1989, No. 80 of the "Great Books Project"),这个重印本的重要性在于其中包括了以下一些材料:由土耳其学者 Melek Dosy 扩充的 Rosen 版本中的注释;由已故的土耳其学者 Aydin Sayili 添加的一个详尽的介绍和一个附录;以及添加了一章 Ibn Turk 的《代数学》(由 Sayili 翻译)。

　　现已发现花拉子米《代数学》还存在其他两个阿拉伯文抄本[②]。另外除了阿拉伯文抄本还有两本拉丁文译稿,其中之一是 1145 年由英国切斯特地方的罗伯特(Robert of Chester)在西班牙的细郭胃亚市译成,译名为"Liber algebrae et almucabala"。1915 年卡平斯基(L. Q. Karpinski)将此拉丁文译稿(分别收藏于哥伦

①　Rosen T. The algebra of Mohammed Ben Musa. 1831.

②　SayiliA. Abdulhamid ibn Turk'un "Katistik Denklemlerde Mantiki Zaruretler" adli yazisi ve zamanin cebri (Logical necessities in mixed equations by 'Abd al - Hamid ibn Turk and the algebra of his time), Text in Turkish, english and arabic, Turk Tarh Kurumu Jayinlardan. VII, Seri, 41, Ankara, 1962, sah. 95; Sezgin F. , GAZ, Bd. V, Leiden, 1974, P-240.

比亚大学图书馆、维也纳和德累斯顿国立图书馆)译成了英文①。第二种拉丁文译稿是 12 世纪由克罗摸纳地方的杰勒德(Gerardo)完成的。1838 年被里比热(G. Libri)出版②。

12 世纪生活在茨维拉地方的伊安在自己的"花拉子米的算数运算概要"一书中也抄录了该书拉丁文译稿的部分内容,这一本书被巴尼可帕尼(Boncompagni)出版③。另外优-卢什卡(J. Ruska)把阿拉伯文抄本译成了德文④、玛日(A. Marr)译成了法文⑤、赫·赫德焦(H. Hedivjam)译成了波斯文⑥、库佩里维奇(Yu. H. Kopeleviq)与罗森费尔德(B. A. Rozenfeld)将其译成了俄文⑦。另据了解,最近 Roshdi Rashed 又完成了一个新的法文译本。

花拉子米的《代数学》由"还原与对消"和"遗产问题"两大部分组成,其中"还原与对消"部分有十五个章节,包含的内容为一元一次方程和一元二次方程解法及其几何证明,以及关于加法、乘法、杂题,和关于交易及测量学的章节。"遗产问题"部分含有十三章,是属于第一部分的应用,内容为财物继承、遗产分配、诉讼、贸易等。

算术与代数是两门古老的数学分支。"算术"(arithmetic)在西方术语中最初是指"数和数的学问"(与中国的《九章算术》中的算术意义不同⑧)。古代算术研究的主要内容是正整数、零和正分数的性质及其四则运算。算术理论的形成标志着人类在现实世界数量关系的认识上迈出了具有决定性意义的第一步。算术作为重要的数学工具之一,在人类社会活动中被广泛应用。借助它,人类能够行之有效地解决在社会实践中遇到的各种问题,如行程问题、工程问题、流水问题、分配问题和

---

①　Karpiniski L. C. Robert of Chester's translation of algebra of al - Khowarizmi, Bibl. math. , F. 3, Bd. XI, 1911, P125-131;

　　Karpiniski L. C. Robert of Chester's Latin translation of the Algebra of al-Khowarizmi, N-Y, 1915;

　　Karpiniski L. C. Winter J. G. Contributions to the history of science, AnnArbor, 1930, P-66-125.

②　Libri G. Histoire des sciences Mathematiques en Italie, vol. 1, Paris, 1839, P-253-297.

③　Trattaty d'Aritmetica de Baldassare Boncompagni I, Algoritmi de numero indorum. II, Ioanni Hispaleensis liber algorizmi de pratica arismetrice, Roma,1857,P-25-90.

④　Ruska I. Zur altesten arabischen Algebra und Rechenkunst. Sitzungsberichte der Heidelberger Akad. d. Wissenschaften, 1917.

⑤　Marre A. Le Messahat de Mohammed ben Moussa, extrait de son Algebre, Nouvelles Ann. de Math. , 1846, P-5.

⑥　Jabru Mugobala, navexte-e Muhammad ibne Muso Harazmii, Tarjema-e Husain,Hedivzham (Farisqa). Tehran, 1348h/1970m.

⑦　Muhammad al-Horezmi. Matematiqeskie traktaty, perevod YU. H. Kompelebiq i B. A. Rozenfelda, Taxkent, 1964, P-9-24.

⑧　李文林:数学史教程,高等教育出版社,施普林格出版社,2000,第 117 页。

盈亏问题等。

但是随着社会生产的发展，人们认识到现有的算术知识在理论上限制了自身的发展，在应用上不能满足社会实践的需要。这主要表现在它限制了抽象的未知的量的使用，只允许具体的、已知的数参与运算，因而导致解决问题的方法存在局限性。

算术的这种局限性，在很大程度上刺激了数学新的分支——代数学的产生。

代数学不但讨论正整数、正分数和零，而且讨论负数、虚数和复数。其特点是用字母符号来表示各种数，最初研究的对象主要是代数式的运算和方程的求解。代数解题方法的基本思想是依据问题的条件组成内含已知数和未知数的代数式，再按等量关系列出方程，然后通过对方程进行恒等变换求出未知数的值。这样，对许多复杂的问题，代数可以通过一套字母符号列成方程来解决，因此它也叫方程的科学。

代数解题方法产生的过程，也就是代数学形成过程。德国数学家内塞尔曼(H. F. Nesselmann)把这一漫长的形成过程分为三个阶段：

(1) 文字代数阶段，即全部解法都用文字语言来表达，而没有任何简写和符号。

(2) 简写代数阶段，即用简化了的文字来表述一些经常出现的量、关系和运算。

(3) 符号代数阶段，即普遍使用抽象的符号，其中采用的各种符号同它们所表示的实际内容和思想几乎没有什么明显的联系。

阿尔·花拉子米著作中的内容属于内塞尔曼所描述的第一个阶段，即出现的量、关系、运算和解法都用文字语言来表达，而没有任何简写和符号。

花拉子米的上述两部著作，是几千年数学发展的历史长河中无数璀璨奇葩中的两朵，正是这两本书使东方数学以十进位值制记数法为基础的算法精神传播到欧洲。从成书到现在的一千多年当中，对这两本书的研究从未停止过，它们已被翻译成多种语言，但遗憾的是国内至今还没有用中文出版过这两本书。编者们希望这本书的出版能填补这方面的空白。

两位编者在编译过程中特别注意到以下几点：

(1) 为了保留历史文献的特色和原作者的思维方式，尽量避免使用现代名词和现代的论述方法，尊重了原作者的表达方式。为了便于理解，在注释中的必要之处加译注说明原貌。

(2) 在原文中除个别地方用了印度数码外一律使用罗马数字，编译者在翻译过程中则把罗马数字改写成了中文数字，至于在个别地方(图 1-2)出现的印度数码(与现代的印度数码有一定的差别)，则改写成了现代通用的阿拉伯数码(实际上也是印度数码)。

(3) 在原文中多处出现重复的句子，为了保持原文的特色，编译者在翻译时没有删掉这些重复的句子并逐句进行了翻译。

近年来，我国越来越多的数学家加入了数学史研究的行列，而阿拉伯数学是数学家在研究数学史时遇到的一大难题，由于资料短缺，再加上语言方面的障碍，研究进展缓慢。编译者编译这本书的目的就是想为感兴趣的学者们提供第一手资料。

　　本书是应中国科学院数学与系统科学研究院的吴文俊院士和李文林研究员的倡议而立项的。这两位数学家对于本书从原始资料的收集整理到定稿出版一直都给予了热情鼓励和鼎力支持,如果没有他们的殷切关注和大力支持,我们是不可能承担并完成了这项任务的。两位编译者愿借此机会表示最诚挚的谢意。另外,东京大学佐佐木力教授对本书的翻译工作提出了宝贵建议并给以热情帮助。在此也谨向他表示衷心的感谢。

目　录

算　法

代　数　学

算　　法

正　文

花拉子米说①：一切赞颂全归于真主，我们对真主表示感谢同时颂扬真主到上天，我们应崇拜真主，直到真主把我们带到公正一边和真理之道，使真主帮助我们叙述有关由九②个符号进行操作的印度计算法③的决定。为了减轻学算数者的负担，他们把任何数码都表示得既简单又便利，还把最大与最小数与它们的积、商、和、差以及其他所有的运算都利用这些（符号）来进行。

---

①　阿尔·花拉子米的拉丁文写法是 Algorizmi，这里的 Algorizmi 是阿拉伯数学家阿布·贾法尔·穆罕默德·伊本·穆萨·阿尔-花拉子米·阿尔-马居茨（Abu Ja′far Mohammed ibn Musa al-Horazimi al-Majusiy 的缩写拉丁译名。这个名字在 1857 年在巴尼可帕尼（Boncompagni）出版的《花拉子米的印度计算法》一书中两次写成 Algoritmi，一次写成 Algorizmi，而在拉丁文译本中一直用 Algorizmi 这一写法。12 世纪生活在茨维拉地方的伊安（Ioani Sevilsky）在自己的《花拉子米的算数运算概要》（Liber algorismi de pratica arismetrice）（见参考文献 1）一书中采用 algorismi 的写法；而生活在同一个时代的阿得拉特（Magictr. Adelard of Bath）在《花拉子米的天文艺术入门》（Liber ysagogarum alchorismi in artem astronomicam a magistro A. compositus, 1898）（见参考文献 2）一书中则采用 alchorismi 的写法。花拉子米在本书中系统介绍了印度数码和十进制记数法，以及相应的计算方法。尽管在 8 世纪印度数码和记数法随印度天文书传入阿拉伯世界，但未能引起人们的广泛注意。正是花拉子米的这本书使它们在阿拉伯世界流行起来。它后来被译成拉丁文在欧洲传播，所以欧洲人一直称这种数码为阿拉伯数码。

②　在拉丁文译稿中，几乎所有数码采用的都是当时在欧洲广泛流行的罗马数码，但在阿拉伯文手稿中用的应该都是印度数码，因为花拉子米写这本书的目的就是把印度数码介绍给阿拉伯世界。我们在翻译过程中，凡文中出现的罗马数字都换成了中文数字。

③　本书拉丁文本的书名，可能来源于此句。其中的 Algoritmi 一词具有双重意义，其一表示该书的作者花拉子米的拉丁译名，二表示计算法的意义。根据该书第一段的上下文，它在该处表示第二种意义。实际上，花拉子米这本著作的核心是十进位值制算法，无怪乎最初的拉丁文译者们忽略了印度数码的形式，并且也没有给出书名。"Algoritmi"后来演变成现代术语"算法"（Algorithm），旧文"al-jabr"演变为"代数"（algbra）更显其实质，本种译本因取其名。但在晚近国内外出版的一些书刊中都要取它的两种意义，使"花拉子米的印度计算法"这一译名普遍起来。

　　花拉子米说：我看见印度人①把九个符号经过任意排列而得到他们想得到的数以后，如果真主愿意，为了给学者们提供便利，我决定叙述从这些符号能引出什么结果。如果印度人愿意我这样做，并且这九个符号在他们意识中的意义与我所了解的一致，则当为真主派我做此事。如果他们不按我说的去做这件事，则在我的叙述中你将会明确和毫无疑问地找到这个原因，这样不管对于观察者还是求学者都只能觉得容易罢了。

　　这样他们发明了九个符号，这九个符号的形式是这样……②。虽然在不同人的书写中它们的形式也有些区别，这个区别就在于表示五与六的符号以及七与八的符号的形式上，但这不会带来任何困难，因为这些都是表示数码的符号。它们有下列形式上的区别……③。

---

① 有关印度人用一种新的记数法的最早记载出现在生活在位于非拉提河岸的达厄城堡的苏利耶传教士迕未尔·连巴贺（Ceber Ceboht）的手稿中。公元 622 年成书的这一作品中迕巴贺批评了对不会用雅典语的科学家的偏见，在举例说明不会用雅典语的学者的重大成就时提到了印度人新的记数法和新的计算方法。他写道："我不想说关于印度人与苏里亚人在科学成就上的不同之处，也不想说印度人在天文、历法以及时间的计算等方面高于雅典和巴比伦人之处，我只想说他们利用九个符号来进行任何计算，那些认为只有会说雅典语才能达到科学高峰的人，如果知道印度人的这些成就，他们就会明白还有其他不会说雅典语的人也知道科学。"（见参考文献 3）印度语语法家沙尼卡拉（Shankara）于公元 686 年成书的著作中写到"同样一个符号摆在不同之处会给出一、十、一百、一千等不同的含义。"（见参考文献 4）

② 在拉丁文译稿中没有给出这九个符号的形式，在中国科学院数学与系统科学研究院的李文林教授编写的《数学史教程》（见参考文献 5）中给出了印度人在不同的时期所用的两种印度数码的形式，其一是在公元前 3 世纪的巴克沙利手稿中出现的数码，其形式是：

其二是刻在一块公元 876 年的以瓜廖尔石碑著称的石碑上的数码，其形式是：

我们通过在拉丁文译稿中出现的 1，2，3 和 5 与这两种印度数码比较，发现花拉子米当时使用的印度数码与瓜廖尔石碑上的数码一致。（见图 1-2，从下行数第七行的 325）

③ 在拉丁文译稿中没有给出这些形式上有区别的符号，但比较第 6 页注①中的两种数码，可以看出 5，6，7 和 8 在形式上确实有明显的区别，而 1，2，3，4 和 9 在形式上有些相似，花拉子米所说的形式上的区别是否上述区别还难以确定。表示印度数码的符号在形式上的区别阻碍了印度数码在欧洲的快速传播，因这些区别在货币流通与一些账单，交换数据等方面带来很大的不便。

　　我在我的《代数学》（Al-Jabr wa al-mukabala，即"还原与对消计算概要"）一书中写道，任何多位数由单位数码的排列而构成，并且"一"包含在任何数中①，即"一"是任何数的成分，在这一方面有关算数的其他书中也提到过。另外，"一"是任何数的根源，所以它跟其他的数不同。它之所以是数的根源，是因为任何数都由它来定义。它之所以跟其他的数不同，是因为它是由它自己，即无任何数的情况下独立确定。而其他的任何数不可能不用"一"来定义。因为当你说出"一"时，它不需要任何数来定义自己，而其他数则需要"一"，于是，在没有"一"的前提下，你说不出"二"或"三"。因此这些"一"的和不是其他的东西而是数，所以当我们在没有"一"的前提下，说不出"二"或"三"。这不是关于语言，而是对于事情的本质而言。如果你去掉"一"，则"二"与"三"也不可能存在。然而"一"在没有第二或第三时也同样存在。这样二是二倍或一的二倍，而不是别的。同样，三也不是别的东西，它就是一的三倍，对于其他数码同样用类似的方法递推。现在该返回书了②。

　　花拉子米说：我发现能够称呼的所有数码，所有大于一到九为止，即九与一之间的所有数码（可乘倍），即"一"的二倍等于二，又是这个"一"的三倍等于三等等，一直到九。然后用十代替一，十可以乘以二与三，就像类似于"一"的情况，它的二倍等于二十，三倍等于三十，一直到九十。然后用一百代替一，它也可乘以二和三，类似于一与十的情况，得到二百，三百，一直到九百。然后用一千代替一，经过二倍与三倍运算，与上面类似，得到两千，三千等等，一直

---

① الكتاب المختصر فى حساب الجبر والمقابلة（al-kitap al-mukhta sarfi hisap al-Jabr wa al-mukabala）《代数学》，即《还原与对消计算概要》一书是花拉子米代数方面的著作，成书于公元820年前后，公元1140年由英国切斯特地方的罗伯特（Robert of Chester）译成拉丁文，译名"Liber algebrae et almucabala"。该书在欧洲产生巨大影响，这里的阿拉伯语"al-jabr"译为还原移项，传入欧洲后，"al-jabr"演变为拉丁语"algebra"，也就成了今天的英文"algebra"（代数）（见参考文献6）。花拉子米在这里指的是他在《代数学》中写到的下面一段话"当我在观察计算过程中需要哪些东西的时候发现，这些都是数，我发现所有的数由'一'构成，而'一'包含在任何数中"。（见阿拉伯文手稿2a页，图1-3）。根据花拉子米在本书中提起《代数学》来看，这本书写的时间比《代数学》要晚一些。

② 可以看得出，在本书中从"在这一方面有关算数的其他书中也提到过"到"现在该返回书了"这一段是后来被花拉子米本人补上的，这里提到的"有关算数的其他书"很可能是逻辑学、哲学以及几何等方面的一些书，因为亚里士多德（Aristotle，公元前384—前322）也提出过关于"一与其他的数不同，即一不是数"的看法（见参考文献7）；而欧几里得提出"数是由'一'组成的集合"的看法，花拉子米可能受亚里士多德与欧几里得的上述观点的影响，因此他也提出"一是任何数的根源"以及"一是任何数的成分"的观点。

得到无穷大的数。我发现印度人如何利用数位去运算，这些数位中第一个是个位数，这个数位上的一到九之间的所有数可乘以二与三，第二个是十位，这个数位上的十到九十之间的所有数可乘以二与三，第三个是百位，这个数位上的一百到九百之间的所有数可以乘以二与三，第四个是千位，这个数位上的一千到九千之间的所有数可以乘以二与三，第五位是十千等。这样，数在每一个阶段增大时，数位也相应地增加。它们是这样排列的，任何一个高数位上的一，对比它低一个数位上表示十，而任何低数位上的十，对比它高一个数位上表示一。数位从作者的右边起数，其中第一个称为个位。当用十来代替这个一并把它摆在第二位时，则它在形式上与一相似，于是他们就需要一种在形式上与"一"相似的十，为了看得出它是十，他们在它的右边留了一个空位置并将像"0"形式的小圈摆在这个位置上①。这样他们就知道这个位置是空的。正如我所说的那样，在这个位置除了小圈以外没有其他的数，这样他们看得出在它左边的数是整十数，它是位于第二位上的数，即它是十位上的数。然后把十到九十之间的任意整十数摆在该小

---

① 印度人和阿拉伯人用小圈或点来表示零，原来在印度十进位值记数法中没有表示零的专门符号，用计算板来进行计算时，留出相应大小的空位来表示零所在的数位。早期宋元以前的中国用算筹来进行计算时，也没有表示零的专门符号，都是留出空位来表示零所在的数位，后来（公元前 3 世纪）巴比伦人引进了一个专门的记号（　）表示空位，玛雅 20 进制记数中也有表示空位的零号（形状像一只贝壳或眼睛　、　等有多种写法），但无论是巴比伦还是玛雅的零号都仅仅用来表示空位，而没有其他功能，更不被看作是一个单独的数。（见参考文献 5）有关印度人用像点号形式零的适用被公元 725 年左右在中国以岁坛-西达为名的印度佛教传教士盖塔玛-岁地哈塔所记载（见参考文献 8）。公元 1881 年在今巴基斯坦西北地区一座叫巴克沙利（Bakhashali）的村庄，发现了属于公元前 3 世纪的书写在桦树皮上的所谓"巴克沙利手稿"。其数学内容十分丰富，涉及分数、平方根、数列、收支与利润计算、比例算法、级数求和、代数方程等。特别值得注意的是手稿中使用了一些符号，如减号状如今天的加号，"12-7"记成"12 7＋"，另外在巴克沙利手稿中出现了完整的十进制数码，其中用点号表示"0"。表示零的点号后来逐渐演变成圆圈，即现在通用的"0"号。这一过程至迟于公元 9 世纪已完成。有一块公元 876 年的石碑，因存于印度中央邦西北地区的瓜廖尔（Gwalior）城而以瓜廖尔石碑著称，上面已记有明白无疑的数"0"（见参考文献 5）。这一点也可从花拉子米的书得到证实。印度人用圈号形式的零很可能是从亚历山大天文学家那里学会的，因为亚历山大人把六十进制分数的空位用圈号来表示，这里的字母"O"（Omicran）是雅典语 Ονδεν 的头一个字母，意为"无东西"。印度科学家于公元 5 世纪接触到亚历山大科学家怕卢萨的以"怕卢萨学术"（Пулиса—сиддханта）为名的著作，这样印度人起初也是用空位表示零，后记成点号，最后发展为圈号。在公元 9 世纪，包括有零号的印度数码和十进位值记数法已经成熟，特别是印度人不仅把"0"看作记数法中的空位，而且也视其为可施行运算的一个特殊的数。印度数码在公元 8 世纪传入阿拉伯国家，后又通过阿拉伯人传至欧洲。零号的传播则要晚一些，不过至迟在 13 世纪初，斐波那契"算经"中已有包括零号在内的完整印度数码的介绍。印度数码和十进位值记数法被欧洲人普遍接受之后，在欧洲近代科学的进步中扮演了重要的角色。当然关于印度零号的来源，学术界尚在探讨，但无论如何，零号的发明是对世界文明的杰出贡献。

圈左边的位置上，这就是整十数的形式。十的形式是这样……，同样，二十的形
式是这样……，三十的形式也是这样①……，一直到九十。这样小圈位于第一
位，而表示数的符号摆在第二位，但要记住，"一"在第一位时表示一，第二位
时表示十，第三位时表示一百，第四位时表示一千。同样，"二"在第一位时表
示二，第二位时表示二十，第三位时表示二百，第四位时表示两千。对于其他的
数用类似的方法推算。现在该返回书了②。

　　十位以后是百位，这里一百到九百之间的所有数都能乘以二与三，并且一百
在形式上与摆在第三位的一相似，即100。二百的形式也如此，也就是与摆在第
三位的二相似，即200。三百的形式也如此，也就是与摆在第三位的三相似，即
300③。一直到九百为止。然后是千位，这时同样在一千到九（千）之间的所有
数都可乘以二与三，并且它在形式上与摆在第四位的一相似，即1000。两千在
形式上与摆在第四位的二相似，即2000。一直到九千为止。为了表示千位上的
数，应把三个小圈摆在这个数字的右面。同样为了表示一个数在十位或百位上，
在第二位上的数字右面放置一个小圈以表示它在十位，在第三位上的数字右面放
置两个小圈以表示它在百位。当然除了摆在这个数位上的数字以外没有其他数时
才能这样做，如果除了摆在这个数位上的数以外还有小于这个数的其他数，那么
这个数必须摆在相应的数位，例如：十与比它小的一个数，比如说一或二，则这
样放置；11，即把个位上的小圈换成一，同样表示十的一摆在十位上。若有一百
与比它小的一些数，则把它们摆在相应的数位上，为此我们举出一个例子，即数三
百二十五是怎样排列？如果我们想知道，即可将它们用如下的方法去排列：从作者
的右边开始，在第一位上放置五，然后向作者的左边方向移动一位，把二十摆在第
二位上，把三百摆在第三位上。每一个数字应摆在相应的数位上，即：个位数摆在
个位上，这是第一位；整十数摆在十位上，这是第二位；整百数摆在百位上，这是

---

① 在这里译稿中用了三次"是这样"，而后面没有给出表示10、20、30的印度数码。另外在
　译稿中用了三次"的形式"，而前面的10、20、30都是用罗马数字Ⅹ、ⅩⅩ、ⅩⅩⅩ给出。
　看来把阿拉伯文手稿译成拉丁文时，很可能把表示10、20、30的阿拉伯数码换成了相应
　的罗马数字Ⅹ、ⅩⅩ、ⅩⅩⅩ。
② 看来"现在该返回书了"一句是后来被花子米本人补充一段的最后一句，由上下文推
　测，补充的一段可能是从"但要记住"开始。
③ 这里的100、200、300在拉丁文译稿中也写出了100、200、300形式的印度数码，看来最
　初的译稿中用的是印度数码，但后来在多次抄写过程中已被去掉，在巴尼可帕尼印刷中
　把200误写成了300（见参考文献1，第4页）。

第三位；这样就生成 325①。对于其他数位应按类似顺序，即不管怎样的数与多少数位，每一个数字按它的种类②摆在相应的数位上。如果在某一个数位上满十或增加到大于十时，则它的数位应提高一位，这时每一个十在比它高一位的数位上表示一。与此同时，当它的数位提高一位时，如果在比它高一位的位置上已有其他数字，则应把它加到该位置的数字上，并且以在该位置上原有的数字与被提位的一之和代替该数位上的数字。这时，如果它们的和等于十或者大于十时，则这个十又生成一，并把它提到高一位③。即，如果在第一位上的数满十，由十［生成］一并把生成的一摆在第二位；如果在该数位本身有其他数字，则应把它加到该数位原有的数字上，如果它与该数位上原有数字之和满十，则由它又［生成］一并且把生成的一移到第三位。例如：如果你在第一位，即，个位上得到十，则由十变为一并把它摆在第二位，如上所述，在第一位上［画］一个小圈以便看出这个数是二位数。假如这个数是十一，则与上同，由十一中的十变为一并把它摆在第二位，而把一留在第一位。同理，在第二位，即，如果你在由十变出的一应摆的位置上有其他的数字，则应把变出的一加到该位置已有的数字上。假如它们的和是满十或大于十的［数］，则由十变成的一摆在第三位。而超过十的部分应留在原位上。我们称"大数字"，是指十或大于十的数字，例如：如果在

① 在拉丁文译稿中把 325 写成 **ᒣᒧ4**，这与瓜廖尔石碑上的数码一致（见图 1-2，从下行数第七行），巴尼可帕尼印刷中把 325 误写成 335（见参考文献 1，第 4 页）。拉丁文译稿中没有出现表示 4、6、7、8、9 的印度数码的符号。在拉丁文译稿中出现的罗马数字与现代通用的阿拉伯数字之间的对照如下：

1	2	3	4	5	6	7	8	9	10	11	12	13
I	II	III	IIII 或 IV	V	VI	VII	VIII	VIIII 或 IX	X	XI	XII	XIII

14	15	16	18	20	23	24	25	26	28	30
XIIII	XV	XVI	XVIII	XX	XXIII	XXIIII	XXV	XXVI	XXVIII	XXX

31	32	36	40	42	43	45	50	52	60
XXXI	XXXII	XXXVI	XL	XLII	XLIII	XLV	L	LII	LX

63	64	90	100	120	128	135	136	143	144
LXIII	LXIIII	CX	C	CXX	CXXVIII	CXXXV	CXXXVI	CXLIII	CXLIIII

165	190	200	214	300	324	400	500	800	900
CLXV	CXC	CC	CCXIIII	CCC	CCCXXIIII	CCCC	D	DCCC	DCCCC

9000	10000
IX̄	X̄

拉丁文译稿中出现的罗马数字与现代通用的阿拉伯数字之间的对照表

② 这里指的种类是：整个数、整十数、整百数，即个类、十类、百类等。

③ 这相当于现在的进位法，即个位满 10，要向十位进 1，十位满 10，要向百位进 1，等等。另外从"但要注意"一句到"第三位上表示整百数等等"一段很可能被抄书者补充，因为这样解释有利于将在后面介绍的加法运算，抄书者在其他地方也给出过必要的补充，伊安·茨胃拉在自己的手稿中有关叙述计算数位法的部分没有给出这样的注释。

第二位或第三位有大数字，比如说它在第三位，即在百位上发现九，而第二位是十，则由第二位上的十变为一并且把变成的一加到第三位的九上，在第三位得到十，再将这个第三位上的十变成一并把它摆在第四位，这样得到一千。如果你在第二位发现二十，则将第二位上的二十变成二并且把变出的二加到第三位的九上，得到十一，再将第三位上的十一中的十变成一并把它摆在第四位，则在第四位得到一千，而剩下的一仍留在第三位，所谓的"大数字"就是这个意思。因此你把一个数移到下一个数位时，你应该知道把它摆在那里，即如果它是十，则第一步把表示十的数字"一"摆在该位置上；如果它是二十，则第一步把表示二十的数字"二"摆在该位置上；对于其他的数也做类似的推算。如果你移出数的数位上还剩一些数，则把表示该数的数字在原位保留不变，假如剩下的数是一或二，则表示该数的数字保留不变，即如果剩一，就把表示一的数字写在该位置上，如果剩二，就把表示二的数字写在该位置上，如此类推。但要注意，按照上面的叙述，根据每一个数字所在的特殊位置，它们所表示的意思也不同，即它在第一位上表示整个数，第二位上表示整十数，第三位上表示整百数等。

　　假如有一个大数字，为了把它写在书上或想把它读出来，应先知道它是几位数。你应该知道，如果在它的每一个数位上没有放置不表示任何东西的小圈，则它的每一个数位上的数字不会大于九也不会小于一，若你想知道这是多少，可从右边第一位起数，即从个位开始数一数它的位数。其他数位上的数字，往作者的左边方向一个跟着一个地写出来。它们中的第二位是十位，第三位是百位，第四位是千位，第五位是十千位[①]，第六位是百千位[②]，第七位是千千位[③]，第八位是

---

① 10千位相当于汉语中的万位。当时在阿拉伯人、印度人和欧洲人中只有个、十、百、千位位的专用名词，而千位后的数位没有专用名词，因此他们在数数位时，从个、十、百、千位后再数千的倍数，例如：十千、百千、千千、十千千等等，而在中国"万"字用得较多，例如：万、十万、百万、千万、万万等等。

② 100千位相当于汉语中的十万位，10千位相当于汉语中的万位。

③ 千千位相当于汉语的百万位。如今欧洲人把"百万"称为"Million"，这个名词来源于意大利语的 Millione，这是名词 Mille（一千）的复数形式。意大利探险家马可·波罗从中国回到意大利后，在描述中国传说中提到的财富的数量时第一次使用了该名词。意大利人不相信他的故事，就给他起了马克百万（Marko Millione）的外号，后来这个名词在 15 世纪被卢卡·帕乔力（Luka Paqoli）第一次用在数学领域，在 15 世纪末尼库拉·西欧克（Nikola Shioki）把百万的 2，3，……，9 次方分别称为 Billion，Trillion，……，Nanillion 等。西欧克引进的这些名词至今还在使用，但使用在千的次方，而不是百万的次方（见参考文献9）。

十千千位①，第九位是百千千位②，第十位是千千千位（三重千）③，第十一位是十千千千位（三重千）④，第十二位是百千千千位（三重千）⑤，第十三位是千千千千位（四重千）⑥，就这样，当每一次增位时把增位上的数按其称呼来乘倍，因为当多于三位时，即除了十位，百位和千位以外还多出一位，则得到以上所说的那样千位本身的十千，如果还多出二位，则得到千位本身的一百千。为了让你知道或者让你看得出把某一个东西是怎样加到另一个数或减掉另一个数的，我给你构造一个模式，它的形式是这样……⑦。

就像我们以上所说的符号，如果在它们前面再加两个字母，则这些字母所表示的千的个数，由位于它们后面数字中千的个数来确定，如千千千千千（五重千），与一百千千千千（四重千），与它们后面的数字八十千千千千（四重千），在这些数字后面七十千千千（三重千），与它们后面的数字三千千千（三重千），与五十一千千（二重千），与四百千，与九十二千，与八百六十三⑧。

如果你想一个数加上另一个数或一个数减去另一个数，则把这两个数写成两排，即把第二个数写在第一个数的下面并把个位写在个位的下面，十位写在十位的下面。当这两个数相加时，下行数的每一位上的数字加到上行数的同一位上的数字，即个位加个位，十位加十位。如果某一位，如个位、十位或其他数位上的数字满十，则把一代替十并把它写在高一个数位，若个位满十，则把一代替十并把它写在十位，这样它在那儿就表示十，如果这个数还剩有小于十的部分或这个数本身就小于十，则把它留在原位上。如果没有任何数放置在原位上，为了避免出现空位，就在该位上画一个小圈。如果在那儿仍空留着，那么该数的位数就会减少一位，因此你会把第二位误看成是第一位，这样就会把数看错。对于其他的数位亦用类似的方法来处理。如同上面，如果第二位满十，则将第二位上的十变

---

① 10 千千位相当于汉语中的千万位。
② 100 千千位相当于汉语中的亿位。
③ 千千千位（三重千）相当于汉语中的十亿位。
④ 10 千千千位（三重千）相当于汉语中的百亿位。
⑤ 100 千千千位（三重千）相当于汉语中的千亿位。
⑥ 千千千千位（四重千）相当于汉语中的万亿位。在阿拉伯国家的所有数学家都用这样麻烦的方法来写或读多位数。在欧洲直到 16 世纪也有过这种情况，例如：德国数学家亚当·利茨（Adam Rize，1525 年前后）把 86789325178 写成八十六千千千，七百千千，八十九千千，三百千，二十五千，一百七十八（见注释①）。
⑦ 在拉丁文译稿中没有写出花拉子米构造的模式，但我们敢肯定在阿拉伯文手稿里这个模式是用印度数码写出来的。
⑧ 在拉丁文译稿中没有写出用印度数码给出的多位数的例子，我们可以从该段的上下文推测，这个数应是：xy180073051492863，在拉丁文译稿中提出的两个字母应摆在 xy 的位置上。

成一并且把变出的一提到第三位，这样它在那儿就表示一百，小于十的部分仍留在原位。同样，如果有没有任何数的其他数位，就在这些数位上也画与上面类似的小圈。同样，其他数位上有大数字，也用类似的方法来处理。如果你想从一个数减去另一个数，即数与数相减。则与上面方法类似，即从上行数的每一位上的数字减去下行数的同一位上的数字，如果上行的数位中没有足够的数以减去下行同位上的数字，即上行位于该数位上的数小于下行同位上的数或在那儿没有数字，则从上行比它高一个数位中借调一并把它变成十，然后从它减去该减的数，把余数留在上行①。如果没有任何数留在上行的该位置上，则如同上面，把一个小圈写在该位置上。如果上行第二位没有任何数字，则从第三位中借调一，它在第二位表示十，然后从它［里面］减去该减的数并用同上面类似的方法进行操作。这时九留在上行第二位。在进行加、减运算时，每次从高位开始，如果真主允许我们这样做。为了便于计算和理解上面的叙述，为了避免任何人出现差错，我将列举三种方法。作为例子，我们先取六千四百二十二并把它们按其数位排列。先应从它减去三千二百一十一，则从上行右边起，把二摆在第一位，把二十摆在第二位，把四百摆在第三位，把六千摆在第四位，然后把减数按其数位放置如下，把一摆在上行第一位的二底下，把十摆在第二位的二十底下，把二百摆在第三位的四百底下，把三千摆在第四位的六千底下，它的形式是这样……②。如果我们想从一个数减去另一个数，即从大的数减去小的数，则从高位起，即从第四位开始，也就是从六减去三，这样三留在上行第四位；从四减去二，二留在上行第三位；从二减去一，一留在上行第二位。最后从位于在一上面的二减去一，一留在上行第一位。所得结果的形式是这样……③

　　（在第二种方法中）把另一个数的数位用另外一种方式安排，使得计算结果没有任何数留在该数位。比如说我们取的数是一千一百四十四，把一百四十四减

---

① 这就是退位减法计算，若某位不够减，先从比它高的一位退 1 到该位上加 10 再减。
② 花拉子米为减法运算给出的第一个例子是：6422－3211＝3211，这里被减数在每一个数位上的数字大于减数在相应的数位上的数字。在拉丁文译稿中没有给出被减数与减数用印度数码写出的表达式也没有写出在译稿中所说的竖式的表达式。
③ 在拉丁文译稿中没有给出所得结果的形式。

去它，那么它的每一位摆在上行同一位的底下，也就是像这样放置……①

　　如果你想把某个数二等分，则从第一位起②，假如该数位上的数是奇数，则先将它的偶数部分除二，然后把剩下的一分成二，即把它分解成两个一半。这样它的一个一半是构成整一的六十部分之三十，把三十摆在该数位的下面③。然后去除下一个数位上的数，若它是偶数，则把它除二，若它是奇数，则先取它偶数部分的一半并把它放在原位置，然后取五作为剩下一的一半并把它摆在该数位右面的数位上。如果你想二等分的那个位置除了一以外没有别的数，则把小圈摆在

---

① 花拉子米为减法运算给出的例二是：$1144-144=1000$，这里被减数在前三位上的数字等于减数在相应的数位上的数字。在拉丁文译稿中没有给出被减数与减数用印度数码写出的表达式，也没有写出在译本中所说的竖式的表达式。另外在译稿中所提到的为减法运算给出的例三被抄写者漏掉，在这里我们敢肯定，在这一例子中被减数在个别数位上的数字小于减数在相应的数位上的数字。伊安·茨胃拉所写的《花拉子米的算数实验书》被称为花拉子米手稿的重现版本，他在自己的书中为减法运算给出的例三是 $12025-3604$ 与 $10000-15$（见参考文献 1，第 33-34 页）。

据伊安的叙述，把减数写在被减数的下面，然后从高位减起，在计算过程中把被减数每一个数位上的数字逐步换成差的相应的数位上的数字。例如，在 $12025-3604$ 中，把 3604 写在 12025 的下面，这时不能从 2 减去 3，故从高位中借 1，再从 12 减去 3 得 9，然后把被减数中的 12 换成 9，这样被减数变成 9025 的形式，这时不能从 0 减去 6，故从高位中的 9 借 1，把 9 换成 8，再从 10 减去 6 得 4，然后把被减数中的 0 换成 4，这样被减数为 8425，再从 5 减去 4 得 1，然后把被减数中的 5 换成 1，最后得到的差为 8421。

例三在译稿中被漏掉，引起许多数学历史学家的误会，他们认为花拉子米没有给出当被减数在个别数位上的数字小于减数在相应的数位上数字的情形（见参考文献 10）。

② 花拉子米把二等分（mediatio）运算与二倍（dupplicatio）运算看成专门的算数运算，他这样的看法可能来源于埃及，因为古埃及人把乘法运算通过连续二倍后乘得的积相加来实现，当然把任何自然数可表为 2^m 形式的（其中 m 为 0 或自然数）数的和。这样表示等价于把给定的数用二进制来表示。同样除法运算通过二等分来实现。例如：把 19 除以 8 得的商可表为 $2+\frac{1}{4}+\frac{1}{8}$，据伊安的说法"二等分是除法运算的特殊情况，而二倍运算是乘法运算的特殊情况"，"把它们看成专门的运算，是因为求一些数的平方根时需要二倍或二等分运算，因此在这里单独叙述它们，但是应先足够的讨论乘除法运算后，再叙述它们才合理"（见参考文献 1，第 38 页），看来花拉子米也有过同样的看法。

③ 从"构成整一的六十部分之三十"知，花拉子米用 60 进制记数法来表示除二时得出商的分数部分，伊安把 9781 除以二时得出的商写成 $\frac{4890}{30}$ 的形式。

该位置上并把五摆在它右面的数位上。对于其他所有数位上的数字也做类似处理①。如果你想把某一数乘二，则从高位开始乘，若这个乘积大于十，则由这个数作一并把它摆在后一位，这样，如果真主允许，你自己会发现它。

另外，我在我的书里已叙述过跟任何一个数相乘的每一个数，都应按照单数的乘法口诀去乘另一个数的每一个数位上的数字，因此你利用印度数字用一个数去乘另一个数时，需要熟练掌握一到九之间的乘法口诀并知道它们是否相互对应②。如果你想用一个数去乘另一个数，就把它们中的一个按其数位写在木板或任何一个其他物体上③，然后把第二个数的第一位上的数字写在第一个数的最高位底下。这样这个数的第一位对齐于第一个数最左边的数位的底下。第二位位于在下行左边第一个数字的前面。作为例子，我们要想使两千三百二十六乘以二百一十四，则把用印度数码表示的两千三百二十六分别摆在四个数位上，在右边的第一位是六，第二位是二，即二十；第三位是三，即三百；第四位是二，即两千。然后把四摆在两千底下，把一摆在位于它左边的前一位上，即十，把二摆在其第三位，它们的形式是这样……④。

---

① 在这里花拉子米所叙述的除二运算是比较特殊的，当被除数为偶数时，就把它的每一个数位上的数字除二即可，当被除数为奇数时，则先将它个位上的数字的偶数部分除二，再把剩下的 1 换成六十进制的 60，然后取它的一半 30 作为它的小数部分并写成 $\frac{N}{30}$ 的形式。除了个位上的数字以外其他数位上的数字一律按十进制来处理，即某位上有奇数，则先把它的偶数部分除二，再把剩下的一除以二，得到 0.5，然后把 5 加给前一位上的数字。

② 我在这里把拉丁文译稿中的"duplicetur"（二倍运算）翻译成"乘法口诀"，因在阿拉伯文手稿里肯定有表示"二倍运算"或"乘法口诀"两种意义的阿拉伯文字 تضاعف ，当它译成拉丁文时，翻译者只取了它的第一个意义，可是在这里，根据上下文推测，应取第二个意义。在译稿中的"另外我在我的书里已叙述过"是指花拉子米的《代数学》，他在《代数学》一书中写到"两个数相乘时，一个数的每一个数位上的数字，应要按照单数的乘法口诀来乘去另一个数的每一个数位上的数字"（见阿拉伯文手稿第 56 页）。花拉子米在这里强调，为了完成乘法运算，应当熟练掌握 1 到 9 之间单数相乘的乘法口诀，伊安在自己的书里也强调，要经常训练 1 到 9 之间单数相乘的乘法口诀并给出了乘法口诀表（见参考文献 1，第 109 页）。

③ 从这里的"木板或任何一个其他物体上"（in tabula，vel in qualibet realia quam volieris）一句看出，花拉子米把自己的计算进行在抹上一层沙子或土的木板上。在抹上一层沙子或土的木板上进行计算的方法广泛流行于中世纪的东方国家，艾合买提·安纳萨喂（卒于公元 1030 年左右）在自己的"印度算数注"与纳西尔丁·图斯在自己的《算板与沙盘计算方法集成》一书中也提到过这种算法。

④ 在拉丁文译稿中没有给出这两个因数的竖式形式，但根据上下文推测，这个竖式应写成 $214 \overset{2326}{}$ 的形式。

　　从上行最左边的数位开始，位于这个数位上的数字乘以下行最左边的数位上的数字并将乘积结果写在其上面，同时把乘积结果写在下行数的最右边数位上，这持续到把上行最左边的数字乘完下行所有数位上的数字为止。等这一阶段结束以后，把下行的数向右边移动一位，这样下行数的第一位对齐已乘过数位［上行］的右边下一个数位底下，然后其他数位上的数字按它的数位放置。再把下行数的第一位与上行最左边数位上的数字相乘，然后乘接着而来的一位，这持续到像第一阶段似的，上行最左边的数字乘上下行所有数位上的数字为止，每一次的乘积结果写在它们上面数位上的数之上。等这一阶段结束以后，把下行的数再向右移动一位，然后进行像第一阶段类似的操作。这一操作不停地持续到所有的阶段结束为止，就这样用上行每一位上的数字去乘下行每一位上的数字。如果下行数的第一位位于上行数中没有任何数的数位底下，即位于小圈底下，则把它移到右边的下一个有数字的数位底下。因为一个数要乘的小圈不表示任何数，所以小圈与任何东西的乘积也不表示任何东西①。当数位向右移动并上行位于某位上的数字乘上下面的每一位上的数字时，把乘积结果写在上行位于该数位的数之上，即我们已乘过下行每一位的数之上。如果某一位上积累的数满十，则由它变成一并把它写在左边的下一位，如果还剩余一些东西，则把余下的东西留在原位，如果没余任何东西，就把小圈摆在该位，这样就保留了数位，乘积运算直到下行的第一位时，才删除位于它上面数位上的数，然后把乘积结果写在该位之上，这些阶段持续到把上行数的所有数位上的数字乘完下行的每一位上的数字为止，用同样的方法，它的每一位上的数字按单数的乘法分别乘上另一个数的每一位上的数字并将乘得的积相加。我们把两千三百二十六乘二百一十四后所得乘积的形式是

---

①　从在这里叙述的"如果下行数的第一位位于上行数中没有任何数的数位底下，即位于小圈底下，则把它移到右边的下一个有数字的数位底下，因为一个数要乘的小圈不表示任何数，所以小圈与任何东西的乘积也不表示任何东西"一段可以看出，当时的印度人不仅把"0"看作记数法中的空位，而且也视其为可施行运算的一个特殊的数字，即零与任何数的乘积等于零。因此我们可以断定，在公元9世纪，包括有零号的印度数码和十进位值记数法已经成熟。

这样，这就是四百千与九十七千与七百六十四①。

如果你想知道你做的二倍运算或其他乘法运算的结果是否正确，那你取想求二倍的数并把它除以九，然后把小于九的余数乘二，假如其结果大于九，则把九去掉并保留小于九的余数，然后把原数乘以二，再把求过二倍后的数除以九，假如剩下的余数与你在前面求过二倍后的余数相同，则说明你求的是正确的，否则是错误的。如果你想用一个数去乘另外一个数并想用上面类似的方法去验证其结果，则可把第一个因数除以九并保留小于九的余数，再把第二个因数除以九并保留小于九的余数，然后用第一次得到的余数去乘第二次得到的余数，假如乘得的结果大于九，则把九去掉并保留小于九的余数。假如剩下的余数本身小于九，这样就确定了余数的表达式。如果在那儿有大于九的数字，则把九去掉并保留剩下的余数。你知道我为什么确定这个余数的表达式吗？你就再用第一个数去乘第二个数并把乘积结果除以九，假如剩下的余数与我叫你确定下来的余数的表达式相等，则你应该知道你求的是正确，若不相等，则是错误的②。在除法（运算）中

---

① 在译稿中所提到的两个数的乘积按如下的方法进行，首先把两个因数写成竖式的形式 $\frac{2326}{214}$，然后把上行千位上的 2 乘以下行的 214，再把上行千位上的 2 删除，得到的 428 写在删除 2 的位置，它的形式是 $\frac{428326}{214}$；然后把下行的 214 向右移动一位，得到的竖式是 $\frac{428326}{214}$，上行位于百位上的 3 乘以 214，再把 3 删除，然后得到的 642 的前两位数 64 与上次得到的 428 的后两位数 28 相加，即 $64+28=92$，把 92 写在下行 21 的上方，把 642 个位上的 2 写在删除 3 的位置，这样得到 $\frac{492226}{214}$；再把 214 向右移动一位，得到 $\frac{492226}{214}$，上行位于十位上的 2 乘以 214 后把 2 删除，然后得到的 428 的前两位数 42 与下行 21 上方的两位数 22 相加，即 $42+22=64$，把 64 写在下行 21 的上方，把 428 个位上的 8 写在删除 2 的位置，这样得到 $\frac{496486}{214}$；再把 214 向右移动一位，得到 $\frac{496486}{214}$，上行位于个位上的 6 乘以 214 后把 6 删除，然后得到的 1284 的前三位数 128 与下行 21 上面的三个数 648 相加，即 $128+648=776$，把 776 写在下行 21 的上方，把 1284 个位上的 4 写在删除 6 的位置，最后得到的乘积是 497764。

② 在这里花拉子米叙述用 9 来验证二倍与乘法运算，在验证求过二倍后的结果是否正确时，先取想求二倍的数并把它除以 9，然后把小于 9 的余数乘二，如果其结果大于 9，则把 9 去掉并保留小于 9 的余数，然后把原数乘二，再把求过二倍后的数除以 9，如果剩下的余数与前面求过二倍后的余数相同，这说明求的是正确，否则是错误。要验证两个数相乘时得到的积是否正确，则把第一个因数除以 9 并保留小于 9 的余数，再把第二个因数除以 9 并保留小于 9 的余数，然后把第一次得到的余数乘以第二次得到的余数，假如乘得的结果大于 9，则把 9 去掉并保留小于 9 的余数，假如剩下的余数本身小于 9，这样就确定了余数的表达式。然后把第一个数乘以第二个数并把乘积结果除以 9，假如剩下的余数与前面确定下来的余数的表达式相等，则求的是正确，否则是错误。花拉子米的验证乘法运算的这种方法，在中世纪数学文献中第一次出现，很显然这种验证法是乘积结果正确性的必要条件，而不是充分条件。

先把被除数按其数位放置，然后把除数摆在它的下面，即把除数最左边数位上的数字对齐于被除数最左边数位上数字的下面，如果被除数最左边数位上的数字小于位于它下面的除数最左边数位上的数字，则把除数的数位向右移动一位，因为上行数的位数是多于一的，因此你把下行除数的最左边数位上的数字对齐于上行被除数从左边起第二个数位上数字的下面。接着你先看除数的第一位，然后你把某一个数字写在上行被除数对应于下行左边第一位上数字的上面或它的下面。再用它去乘除数最左边数位上的数字，直到乘得的积等于上行被除数中该除数位上的数字或者接近但小于该除数位上的数字为止，这样你就确定了它。再用它去乘下行最左边数位上的数字，并把乘积结果减去位于下行最左边数位上面的该除数位上的数字，再用它去乘下行左边第二位上的数字，然后把它减去上面的数字。我在本书的前面已介绍过减法运算，即按照一个数减去另一个数的方法去做，直到这个数乘完下行除数的所有数位上的数字为止。然后你把下行除数的所有数位上的数向右移动一位并类似于上面的方法把某一数写在上行被除数对应于下行第一位上数字的上面．再用它去乘除数最左边数位上的数字，直到生成等于上行该除数位上的数字或者接近但小于该除数位上的数字，再用生成的数字去乘下行最左边数位上的数字，并把乘积结果减去位于下行最左边数位上数字上面的该除数位上的数字，对于所有数位上的数字用类似的方法去做。如果上行被除数中还剩一些该除的数位，则每次把下行数的数位移动直到上行数中对应于下行第一位上数字的上面生成合适的数字为止。如果在被除数的某一位上有小圈并且你在移位过程中遇到它，那么同你在乘法运算时所作的一样，不要跳过它，而且像我们在上面所说的一样要乘以除数的某一个合适的数字摆在它的上面。这样你就看见生成的所有数字位于被除数的上面，它的所有数位上的数字归于所求的商。如果还剩一些东西，则这些东西应该是除数的一部分。如果它不小于除数，那么千万不能用它作为余数，也就是说，假如它大于除数，则你要知道你求的结果是错误的。另外你应该知道，除法运算类似于乘法运算，但它们之间也有不同之处，不同的是在除法运算中用减法运算，而乘法运算中用加法运算。对此我们有下面的例子：如果我们想把四十六千四百六十八除以三百二十四，首先把八写在最右边；然后把六写在它的左边，即六十；然后写四，即四百；然后写六，即六千；最后写四，即四十千。这个数最左边的数位是头位，而右边八所在的数位是第一位。你再把除数写在这个数的下面，这时除数的头位对齐于被除数的头位底下，因为除数的头位小于其上面的数字，即表示三百的符号三写在上行最头位上的数字底下，即四的底下，假如它大于位于它上面的数字，则我们应把它向右移动一位写在六的底下。然后把位于三后面的表示二十的二写在六底下，再把位于二后面的四写在四底下，它的形式是这样……①。

　　然后我们在被除数的数位中位于除数第一位上面的数位上方，即上行表示四百的四的上方有条件地写上一。同理，我们也可以把它写在四的下方，然后用它乘以三并把乘积结果从位于三上方的数字减去，即得一；然后用它乘以二并把乘积结果从位于二上方的数字减去，即从六减去乘积结果，得四；然后用它乘以四并把乘积结果从位于四上方的数字减去，即从四减去乘积结果，没留任何余数。这时在这个位置上写一个小圈，你再把除数向右移动一位，即把四对齐在六的下面，把二对齐在小圈的下面，把三对齐在四的下面，然后在上行数中对齐于下行第一位的数位上面，即六的上方写四，再用这个数去乘三，积等于十二，把十二从位于三上方的数减去，即从十四减去十二得二。然后用四去乘跟随在三后面的二，得八，再把八从位于它上方的二十减去，得十二，然后把十二中的二摆在除数中二的上面，把一摆在三的上面，再用四乘以除数右边的四，得十六，再把十六从它上方的一百二十六减去，这样在除数中四的上方留一个小圈，在二的上方留一，在三的上方也留一，然后你又把除数向右移动一位，这时四对齐于八的下面，二对齐于小圈的下面，三对齐于一的下面，然后把上行被除数位的上面，即上行对齐于下行四的数位上面，同一与四并排写成三，再用三去乘三，得九，把九从位于它上面的数减去，即把九从位于它上面的十一减去，这样在除数三的上面剩二，然后用三去乘跟随在三后面的二，得六，再把六从位于它上面的数减去，即把六从位于它上面的二十减去，得十四，然后用三去乘跟随在二后面的四，得十二，把十二从位于它上面的数减去，即把十二从位于它上面的一百二十八减去，这样在除数四上面剩余六，在二的上面剩余三，在三的上面剩余一，这

---

① 拉丁文译稿中没有给出被除数与除数的竖式形式，但根据上下文推测，这个竖式应写成 $\frac{46468}{324}$ 的形式。在这里花拉子米也提起过零在除法运算中的作用，他写道："如果在被除数的某一位上有小圈并且你在移位过程中遇到它，则同你在乘法运算时所作的一样，不要移过它，而且像我在上面所说的一样要乘以除数的某一个合适的数字摆在它的上面。"此外花拉子米在比较乘法与除法运算时还写道："另外你应该知道，除法运算类似于乘法运算，但它们之间也有不同之处，不同的是在除法运算中用减法运算，而乘法运算中用加法运算。"当然这是乘法与除法的很粗糙的比较，因为乘法与除法的不同之处不仅仅在于加减上。

样我们就得到该得到的商，即为一百四十三与三百二十四部分之一百三十六……①。

当你把多位数除以一位数时，比如说你想把一千八百除以九时，一千八百写成如下的形式：先把两个小圈摆在右边，然后放置八，然后放置一。因九大于一，故把九摆在八的下面，然后在竖式中八的上面应摆出这样一个数，使得用这个数乘以九，得到九上面的数，即得到九上面的十八。这样你就看出要乘九的这个数是二，乘积得十八。再从九上面的数字，即十八减去它时，没剩余任何东西，然后把九向右移动一位，这时一个小圈对齐于它的上面，因此在竖式中小圈的上面应摆出这样一个东西，使得用这个东西去乘九时，得无任何东西，于是应把一个小圈放置在九的上面，这表明在该位置上没有任何数字，因此在竖式中对齐于九上面的小圈上方与二并排放置的是一个小圈，用这个小圈再去乘九，又得一个小圈，即得无任何东西。然后把九向右移动一位，即使它对齐于上行的第一位，此时九又位于一个小圈的底下。这样你再重复上面所作的九与小圈之间的运算，最终你在那儿得到两个小圈与一个二，即得二百。这个二百就是它们的商。这就是没有剩余任何东西的除法运算。当你每次把一个数除以另一个数时，如果遇到一些将要被除的小圈并在小圈右边没有任何数字时，你把这些小圈摆在被除数头位上除了右边几个小圈以外的数位除以除数得到的东西的后面，所得到的结果就是它们的商。这就是一种最简单的约分法，而上面第一种方法是计算法。对

---

① 据译本中的叙述，该两个数之间的除法运算是用下列方法进行的。在竖式中被除数对齐于除数个位上的 4 的上面写上 1，即它的形式是 $\frac{\overset{1}{46468}}{324}$。然后把 1 乘以除数 324，把乘得的积从位于 324 上方的数减去，即 464－324＝140，然后把被除数中的 464 删除，在删除的位置上写 140，它的形式是 $\frac{\overset{1}{14068}}{324}$。再把 324 向右移动一位，它的形式是 $\frac{\overset{1}{14068}}{324}$。在竖式中被除数对齐于除数个位上的 6 的上面写 4，即它的形式是 $\frac{\overset{14}{14068}}{324}$。然后把 4 乘以除数 324，把乘得的积从位于 324 上方的数减去，即 1406－1296＝110，然后把被除数中的 1406 删除，在删除的位置上写 110，它的形式是 $\frac{\overset{14}{1108}}{324}$。再把 324 向右移动一位，它的形式是 $\frac{\overset{14}{1108}}{324}$。在竖式中被除数对齐于除数个位上的 8 的上面写 3，即它的形式是 $\frac{\overset{143}{1108}}{324}$。然后把 3 乘去除数 324，把乘得的积减去位于 324 上面数，即 1108－972＝136，然后把被除数中的 1108 删除，在删除的位置上写 136，它的形式是 $\frac{\overset{143}{136}}{324}$，这就是想求的商。带分数的这种写法广泛流行在当时的伊斯兰国家，这种写法等价于现在的 143$\frac{136}{324}$，在这里的"324 部分之 136"是分数 $\frac{136}{324}$ 的阿拉伯称呼（见第 21 页注释①）。

此我们作为例子写一千八百时，在第一、第二位上的是两个小圈，而第三位是八，第四位是一，因为该数的头一位小于九，于是我们应把九摆在八的底下，它的形式是这样……①我们在九与八所在的竖式中八的上面写二，并用它去乘九，得到十八，当把它从九上面的数减去时，得到的差是前面没有任何数的两个小圈。这样我们在位于九上面的二右边并排了两个小圈，于是得到了二百，它的形式是这样……②这就是有关整数的乘、除法运算中大家该知道的一切。现在，如果真主允许，我开始介绍分数的乘、除法以及求根运算③。

你应该知道具有各种名称的分数，即这些［名称］有数不清的无穷多种，例如：一半（二分之一）、三分之一、一刻（四分之一）、九分之一、十分之一、十三分之一、十八分之一等④。但是印度人自己用六十进制计数法来计算过这些

---

① 据译稿中的叙述，这个竖式应写成 $\frac{1800}{9}$，在这里花拉子米又一次叙述了有关零的运算法则。

② 在译稿中没有给出用印度数码写出的商的形式。

③ 虽然花拉子米提出了将要介绍求根运算，但在译本中没有出现求根运算，很可能是译本中介绍求根运算那些部分已经遗失。

④ 在拉丁文译稿中把分数写成 fractiones，这是阿拉伯语中的"kasr"（部分）与"kasara"（折断）的直接翻译，自"算法"一书的拉丁文译稿面世以后，在欧洲 fractiones 这个名词就变成表示分数的专用名词。在阿拉伯语中分子为 1 的在 $\frac{1}{2}$ 与 $\frac{1}{10}$ 之间的分数都有专用名词，它们按照一定的规律与位于分母上的整数的名称相对应，例如：

3	salasa	$\frac{1}{3}$	ṣulṣ
4	arbaa	$\frac{1}{4}$	rub
5	hamsa	$\frac{1}{5}$	hums
6	sadasa	$\frac{1}{6}$	suds
7	saaba	$\frac{1}{7}$	sub
8	ṣamai	$\frac{1}{8}$	sumn
9	tisa	$\frac{1}{9}$	tus
10	ashara	$\frac{1}{10}$	ushir

除此之外，像 $\frac{m}{n}$ 等一般情形的分数，读作"n 部分之 m 部分"。

[部分]。他们把一 [度] 分成六十个部分①，并把它们称为分②，又把每一个分分成六十个部分并把它们称为秒③，这样 [一度] 的六十分之一是分，三千六百分之一是秒。又把每一个秒分成六十个部分并把它们称为分秒④，这样 [一秒] 的六十分之一是分秒，一度的二百一十六千分之一是分秒。每一个分秒分成六十个部分并把它们称为毫秒⑤，这样的数位可持续到无穷。这时位于第一位上的数是度⑥，它表示整数，在第二位是分，第三位是秒，第四位是分秒，等等。甚至

---

① 8—9 世纪花拉子米在巴格达接触到印度天文学家们所写的名为 "细尼印地"（Sindhind，意思是学术）的几本作品的阿拉伯语译本。印度科学家受希腊数学与天文学家托勒密（Ptolemy，约公元 100-170）所写的天文学方面的名著《天文学大成》（Almagest）（这本书在印度被称为 Polisa-siddhanta，意思是托勒密学术）的影响，在 5 到 7 世纪之间写成了有关数学与天文方面的好几本书，其中最成熟的是由数学和天文学家婆罗摩笈多（Brahmagupta，公元 598-665 年）所写的 "婆罗摩笈多的悉檀多"（Brahmagupta-siddhanta，婆罗摩笈多完整的学术）。4 世纪生活在亚历山大的数学与天文学家帕欧罗斯（Paulos）在基督教极端信徒的威胁下逃往印度时带去了托勒密的《大成》。亚历山大学者将六十进制记数法与把圆周分成 360 度的方法从巴比伦引进，因此六十进制记数法被巴比伦人发明后传播到了埃及的亚历山大，后来从亚历山大传播到印度后又从印度传播到了巴格达，于是六十进制记数法以及相应的计算方法可以说又回到了自己的祖国（古巴比伦城的遗址位于距巴格达 150 公里处）（见参考文献 9，第 145 页）。

② 阿拉伯语中的 دقيقة（dakika）来源于雅典语的 lepta，印度天文学家把 lepta 译成 "分"，而 "maida" 在拉丁语中表示 $\frac{1}{60}$，因此在拉丁语中把 "lepta" 译成 "minuta"，它就是 "maida" 变换过来的。它在这里表示 60 进制记数法中小数点后的第一位，我们在译成中文时，把拉丁文译稿中的 "minuta" 译成了中文的 "分"。

③ 阿拉伯语中的 ثانية（Saniyia）意思为 "第二"，它在这里表示 60 进制记数法中小数点后的第二位，在拉丁语中把它译成 "secunda"，意思为 $\frac{1}{60^2}$，我们在译成中文时，把拉丁文译稿中的 "secunda" 译成了中文的 "秒"。

④ 阿拉伯语中的 ثالثة（Salisa）意为 "第三"，它在这里表示 60 进制记数法中小数点后的第三位，在拉丁文译稿中把它译成 "tertia"，意为 $\frac{1}{60^3}$，我们在译成中文时，把拉丁文译稿中的 "tertia" 译成了中文的 "分秒"。

⑤ 阿拉伯语中的 رابعة（robiya）意为 "第四"，它在这里表示 60 进制记数法中小数点后的第四位，在拉丁文译稿中把它译成 "quarta"，意为 $\frac{1}{60^4}$，我们在译成中文时，把拉丁文译稿中的 "quarta" 译成了 "毫秒"。

⑥ 阿拉伯语中的 درجة（daraja），意为乘幂，它在这里表示 60 进制小数的整数部分（60^n，n 为正整数），在拉丁文译稿中把它译成 "gradus"，我们在译成中文时，把拉丁文译稿中的 "gradus" 译成了中文的 "度"。

直到第九或第十位，你应该知道，任何一个整数乘以另一个整数得到的积也是一个整数，任何一个整数去乘另一个分数得到的积是具有该分数相同名称的分数，也就是说，用二度去乘二分得四分，用三度去乘六分秒得十八分秒，分与分的乘积是秒，秒与秒的乘积是毫秒，分秒与分秒的乘积是秒毫秒，毫秒与毫秒的乘积是毫秒毫秒①。这样两个分数相乘，其分数单位相加。这些分数的分子与分母上数字的乘法类似于整数的乘法。例如：六分乘以七分得四十二秒，因为分是整一的六十分之一，六十分之一乘以六十分之一是类似于六十与六十的乘法，即乘得到的积是三千六百。同理，如果七秒乘以九分得六十三分秒，这里这些分秒中的每六十个构成一个秒并剩余三个分秒，因为分是六十分之一，秒是三千六百分之一，因此它们相乘时乘得的积是二百一十六千分之一，即得分秒，它们是三千六百分之一的六十分之一②。

如果你想把一又一半乘以一又一半，则你先把一又一半化成分，得九十分，然后你要乘的另一个一又一半也化成分，同样得到九十分，再把它们相乘得的积是八千与一百秒，然后把这些秒除以六十，除得的商是分。因为每六十秒构成一个分，得到的商是一百三十五分，再把这些分除以六十，除得的商是度。因为每六十分构成一度，也就是生成整数一，这样你得到二〔度〕与十五分，即生成二

---

① 阿拉伯语中的 سادسة (sadisa)，意为"第六"，它在这里表示 60 进制记数法中小数点后的第六位，在拉丁语中把它译成"sexta"，意思为 $\frac{1}{60^6}$，我们在译成中文时，把拉丁文译稿中的"sexta"译成了中文的"秒毫秒"。

　　阿拉伯语中的 ثامنة (samina)，意为"第八"，它在这里表示 60 进制记数法中小数点后的第八位，在拉丁语中把它译成"octava"，意思为 $\frac{1}{60^8}$，我在译成中文时，把拉丁文译稿中的"octava"译成了中文的"毫秒毫秒"。在下面的表格中可以看出，拉丁文译稿中出现的 60 进制记数法中的各度数单位的名称在汉语、阿拉伯语以及拉丁语之间的比较。

度	分	秒	分秒	毫秒	分毫秒	秒毫秒	分秒毫秒	毫秒毫秒
درجة	دقيقة	ثانية	ثالثة	رابعة	حامسا	سادسة	رابا	ثامنة
gradus	minuta	secunda	tertia	quarta	quinta	sexta	?	octava
1	$\frac{1}{60}$	$\frac{1}{60^2}$	$\frac{1}{60^3}$	$\frac{1}{60^4}$	$\frac{1}{60^5}$	$\frac{1}{60^6}$	$\frac{1}{60^7}$	$\frac{1}{60^8}$

拉丁文译稿中出现的度数单位在汉语、阿拉伯语以及拉丁语之间的比较

② 花拉子米所描述的运算是：

$$\frac{7}{60^2} \times \frac{9}{60} = \frac{63}{216000} = \frac{60}{60^3},$$

这等价于

$$7'' \times 9' = 63''' = 60''' + 3''' = 1''3'''$$

与一刻①。

如果你把［一个］整数二，即用二度四十五分去乘整数三与十分三十秒，则你要先把整数二化成分，即用它乘以六十，得一百二十分，再把这个数加上上面提到的四十五分，和等于一百六十五分，这样你就把它化成了该分数的与最小分数单位一致的分数，你要记住这个数。然后类似上面，通过乘六十把三度化成分，再把这个数加上上面提到的十分，和等于一百九十分，然后把一百九十分通过乘六十化成秒并直到把它化成与该分数的最小分数单位一致的分数去做，即直到把它化成秒为止，得十一千四百秒，再把这个数加上与它相同名称的三十秒，和等于十一千四百［三十］秒。就这样把它化成与该分数最小位相同名称的分数后，再拿它去乘一百六十五分，乘得的积是一千个一千与八百八十五千与九百五十分秒。因为你把它们，即把秒去乘分，故乘得的积是分秒，然后把它除以六十，除得的商是秒，也就是说，得到的商是三十一千四百三十二秒与三十分秒，然后把秒再除以六十，除得的商是分，你得到五百二十三分，另外还有五十二秒。为了得到其度数，即得到其整数部分，再把分除以［六十］，得到八度，另外还剩下四十三分，最后乘得的积是八度四十三分五十二秒三十分秒②。对于其他的任何分数都可用同样的方法来进行运算，即你先要把相乘的每一个因数分别化成与它们最小分数位相同名称的分数，然后把其中的一个乘以另一个并保留乘得的积，你再看它具有哪一种分数单位，再按照我给你说的那样去除以六十。这个运算要进行到得到度数为止，这时它也达到了比度数小的所有的分数单位，乘得的积就是其中的一个乘以另一个得到的结果。对此也有相当简单的另一种方法，但这只是印度人利用的一种方法，他们用这种方法来表示他们自己所用的数字③。

你应该知道将一个分数除以另一个分数，一个分数除以另一个整数，一个整数除以另一个分数，应先把这两个数都化成相同分数单位的分数，即把这两个数

---

① 阿拉伯人把二又四分之一写成二与四分之一，另外在拉丁文译稿中把第二个一又一半误写成了二又一半，实际上这里所叙述的运算是：

$$1°30' \times 1°30' = 90' \times 90' = 8100'' = 135' = 2°15'$$

也就是：

$$1\frac{1}{2} \times 1\frac{1}{2} = 2\frac{1}{4}$$

② 这里所叙述的运算是

$$2°45' \times 3°10'30'' = 165' \times 11430'' = 1885950''' = 31432''30''' = 532'52''30''' = 1°30' \times 1°30' = 90' \times 90' = 8100'' = 135' = 8°43'52''30'''$$

③ 从这里的"对此也有相当简单的另一种方法，但这只是印度人利用的一种方法，他们用这种方法来表示…… 他们自己所用的数字"一段可以看出，印度人把两个六十进制表示的小数相乘时，可能还采用同两个十进制表示的小数的乘法一样的方法，这种方法可能随亚历山大天文学家的著作传播到了印度，因为亚历山大天文学家曾用过这种方法。

都化成与其最小分数单位一致的分数。例如：最后一位是秒，则应把这两个数都化成秒，假如它们当中有一个数的末位是分秒，而另一个数的末位是秒，则把这两个数都化成分秒，它们当中有一个数的末位是毫秒或秒毫秒或者更小的分数单位，而另一个是整数，则应把这两个数都化成与其最小分数单位一致的分数，这两个数化成相同名称的分数以后，你想把哪一个除以哪一个，都可以那么做。除得的商是度，即得整数，因为在具有相同分数单位的任何两个数中，一个除以另一个时，除得的商都会是整数。例如：把十五的三分之一除以六的三分之一，除得的商是二又一半，因为十五的三分之一是整数五，把它除以六的三分之一，即除以整数二，得商是二又一半，用类似的方法，一半除以一半，一刻除以一刻，分除以分，秒除以秒，分秒除以分秒[①]。如果你想把十秒除以五分，则先把分化成秒，因为它们应该有相同的分数单位，结果是三百秒，如果你想把十秒除以它，则不能用三百除以十，这样你就知道，这里不可能得到整数，因此在整数的位置上应放置一个小圈，再把十乘以六十，得六百，然后把它除以三百，得二，即得二秒[②]，这就是它们的商。因为你先把它乘以六十，然后做除法运算时，实际上你把它的分数单位降低一阶，这就是秒。你应该知道把任何一个数除以另一个数时，所得到的东西与除数的乘积等于原数，即等于被除数。对此我们有如下的例子：你把六十除以十二时，所得到的商是五，如果你把得到的商，即五乘以除数，即乘以十二，乘得的积是原数，即等于被除数六十。这就是说把十秒除以五分，所得到的商是二分，如果我们把二分，即得到的商乘以除数，即乘以五分，乘得的积是原数，即等于十秒。这就是检验除法的一种方法。用类似的方法，如果你想把十分除以五分秒，则你应先把分化成分秒，得三十六千分秒，然后把它除以五分秒，除得的商是七千二百度，这就是除得到的商。如果你想检验它的正确性，则把七千二百度乘以五分秒，得三十六千，再把它除以六十，得六百秒，又把六百秒除以六十，除得的商是十分[③]。

如果你想拿一个整数去加一个分数，应先把整数摆在上面，然后把第一位上

---

① 把 "$\frac{15}{3}=5$ 除以 $\frac{6}{3}=2$ 以及一半除以一半，一刻除以一刻" 可能由拉丁文翻译者补充，因这一段叙述的是关于六十进制小数的除法运算，很可能在阿拉伯语手稿写的是把 15 分秒除以 6 分秒，翻译者把阿拉伯语的 salisa（分秒）读成 suls（三分之一），因此他补充了把 "$\frac{15}{3}=5$ 与 $\frac{6}{3}=2$"，在伊安作品中相应的地方没有有关一半，三分之一以及一刻的除法，他只写了 "为了得到整数，应把分除以分，秒除以秒等等"（见参考文献 1，第 53 页）。

② 这里所进行的运算是：$10'' \div 5' = 2'$，拉丁文译稿中在两个地方把 "两分" 误写成 "两秒"，伊安在自己的作品相应的地方纠正了这些错误。

③ 这里所进行的运算是：$10' \div 5''' = 7200$

的数字①，即把分摆在整数的下面，把秒摆在分的下面，把分秒摆在秒的下面，用类似的方法安排其他数位上的数字。对此我们有例子：如果我们想要写十二度、三十分、四十五秒与五十毫秒，就把十二度摆在上面，然后在它的下面表示分的位置上放置三十，在三十的下面表示秒的位置上放置四十五，因为没有分秒，于是在表示分秒的位置上放置小圈，这表明位于它下面位置上的数是毫秒，最后在小圈下面表示毫秒的位置上放置五十，它的形式是这样②……

〔分数的加法〕也与上面类似，即它们的小数部分写成一个下面一个的形式，当每次在某个数位上的数满六十或大于六十时，把多于六十的部分留在该位置上并且由每个六十变成一，然后把变出的一加到位于在它上一位数位上的数字上③。

再用类似的方法，如果我们想求〔两个数相减时〕出现的分数，则从高位起，从每一位上的数减去位于它下面的数，假如位于高位上的〔被减数〕小于我们要想减的〔减数〕或在那儿的是小圈，则从位于比它高一位的数中借一，这时这个一就表示被减数在该减数位的六十部分④，再从它减去该减去的东西，剩下的东西加到已不足的数位上。如果小圈位于这个数位的上面，则从位于比它高一位的数中借一并把它当作低一位中被减分数部分的六十部分。同理在从其他位于高一位的数中借类似的一，并用类似上面的方法把它当作比它低一位中的部分，再从它减去你该减去的东西并把剩下的东西摆到被减的数位上⑤。

如果你〔想〕求某一个数或分数的二倍，则应从高位起乘二，然后乘下一个数位上的数。如果在某一个数位上数的二倍超过了该数位的单位部分，则超出的部

---

① 这里所说的第一位，就是位于"分"位置上的数。
② 在拉丁文译稿里没有给出所描述的数 $12°$、$30'$、$45''$ 和 $50'''$ 的写法形式。但伊安在自己的作品中给出了像

　　　　　　　　度　　12
　　　　　　　　分　　30
　　　　　　　　秒　　45
　　　　　　　　分秒　00
　　　　　　　　毫秒　50

的形式。（见参考文献 1，第 54 页）另外在拉丁文译稿里把 XLV 误写成了 XLVI。
③ 首先把第一个分数写成像上面的形式（见本页注释①），然后把第二个分数的每一个数位上的数分别加到第一个分数相应的数位上的数上，再通过进位法得到其结果。这就是进位加法，即：若某位满 60，要向比它高一位进 1。
④ 这就是退位减法，若某位不够减，先从比它高的一位退 1 到该位上变为 60 再减。
⑤ 首先把第一个分数写成像上面的形式（见本页注释①），然后从第一个分数的每一个数位上的数分别减去第二个分数相应的数位上的数，若某位不够减，先从比它高的一位退 1 到该位上变为 60 再减。

分留在该数位上，并将其单位部分变成的"一"提到位于它上面的高一位①，在作二等分运算时，应从低位起除以二，然后把下一个数位上的数［除二］，假如你在那儿发现了一，则把这个"一"按照我在本书开头给你强调的方法来处理②。

　　如果你想把不带像"分"或"秒"等度数单位的分数，例如一刻，七分之一以及其他类似的带分数或分数相乘，或用其中一个除以另一个，则它们之间的运算法则类似于带分或秒等度数单位的分数的运算法则，如果真主允许，我将为我自己构造一个例子③。

　　如果你想把某两个数相乘，我已经给你阐述了它们的分、秒、分秒等分数单位的乘法，也就是说，如何拿它们当中的一个去乘另一个，这时你应把这两个数分别化成其末位的分数单位，换句话说，把它们化成与其最小分数单位相同的分数，也就是说其最小分数单位是秒，你应把它化成秒；最小分数单位是分秒，你应把它化成分秒，等等。同理，以部分为单位的分数也如此，即如果该数最小部分单位是五分之一或七分之一，则你应把你的数化成与该部分单位相同的分数，然后把它们相乘，再把乘得的积化为整数，即把它除以把这两个数化成部分单位时乘以的数，例如：你想用七分之三乘以九分之四，这里七分之一与九分之一位于第一位，即它们位于分所在的数位，故这两个数相乘时乘得的积位于秒所在的数位，如果你想把乘得的积提为整数，则将它除以使七分之一与九分之一这两个数化成相同部分单位时所乘的数。如果乘得的积是特殊的，那么除得的东西是整数。如果它不能整除，则除得的商是以你将它除以的数为分母的一的部分，这样把七分之三［乘以］九分之四时乘得的积是一的六十三分之十二④。用同样的方法你想用三又一半乘以八又十一分之三，则先写三，然后把一摆在它的下面，再在一的下面放置二，这样你就写了三又一半，因为一半就像一分表示一度的六十分之一一样，表示一的两部分之一，然后在别处写八，它的下面写三，再在它的

---

① 首先把分数写成像上面的形式（见本页注释①），然后把每一个数位上的数分别乘 2，再通过进位法得到其结果。

② 首先把分数写成像上面的形式（见本页注释①），然后从低位起，把每一个数位上的数分别除以 2，在计算过程中遇到 1，则按 14 页注释④的方法来处理。

③ 从这里可以看出，花拉子米把分数分成两类，一类是用 60 进制小数表示的分数，花拉子米称它们为带度数单位的分数；另一类是真分数，花拉子米称它们为不带度数单位的分数或以部分来表示的分数。在拉丁文译稿里没有给出花拉子米构造的例子。

④ 在这里花拉子米给出了真分数的乘法，他给出了 $\frac{3}{7} \times \frac{4}{9} = \frac{12}{63}$，另外他把真分数 $\frac{1}{7}$ 与 $\frac{1}{9}$ 看成 60 进制小数的分位上的数，即 60 进制小数的小数部分第一位上的数（quasi minutae），而 $\frac{1}{63}$ 看成 60 进制小数的秒位上的数，即 60 进制小数的小数部分第二位上的数。

下面写十一，于是你写的数是［这样］八……①

---

① 把两个带分数 $3\frac{1}{2}$ 与 $8\frac{3}{11}$ 相乘时，先把它们写成 $\frac{3}{2}$ 与 $\frac{8}{3}$ 的形式，带分数的这种写法在 19

页注释①中也出现过，拉丁文译稿在此结束。

伊安·茨胃拉所写的《花拉子米的算数运算概要》一书被认为是"算法"一书的重新复原。因此人们可以根据伊安作品的内容来总结花拉子米作品失传的部分的内容。伊安在自己的书里详细叙述了真分数的乘、除法运算，另外花拉子米在叙述有关分数的运算法之前所提到的求根运算，也被伊安给出过。伊安在自己书里有关分数的乘、除法运算的部分中，引进了分数的分母（denominatio fractions，意思是"分数名"），分数的分子（numerus fractionis，意思是"分数的数量"），通分母（numerus denominationum，意思是"名数"或 numerus communis 意思是"总数"）等名词。通分母是通过要想加的所有分数的分母相乘而得到，伊安把一个分数的分母称为"名数"，而两个分数的通分母称为"总数"，另外，花拉子米所叙述的有关分数的乘除运算和伊安叙述的有关分数的乘除运算之间有一定的区别，这一点可从伊安以下的叙述中看出："虽然花拉子米用另外一种方法来叙述有关分数的乘除运算（alchorismus dicere videtur），但他的叙述也是这个意思"（见参考文献 1，第 68 页）。另外，我们从这一句可以看出，在阿拉伯文手稿中有有关分数的乘除运算的专门章节，在拉丁文译稿结束时所提到的两个分数 $3\frac{1}{2}$ 与 $8\frac{3}{11}$ 的乘积被伊安所完成（见参考文献 1，第 68 页），得到的积是 $28\frac{21}{22}$。

虽然花拉子米提出将介绍求根运算，但在拉丁文译稿中没有出现有关这一方面的内容，伊安在自己的书里补充了有关这方面的内容，他在介绍求根运算一段的开头，先强调求根运算的重要性，他写到"有关这一方面的知识，不但在几何与天文方面，而且对于所有的计算领域都是非常重要的"（见参考文献 1，第 72 页）。伊安在自己的书里先把平方根定义为自乘等于原数的数，然后给出了求根运算时所需要的一些性质。为了求一个数的根，先把这个数的数位从右边起分解为每两位一组，然后要确定一个数，使这个数的平方等于最左边的一组数或接近但不超过这个数，例如：求 5625 的平方根时，伊安先把它的数位分解成 56 与 25，这时平方最接近但不超过 56 的数是 7，再把 5625 与 7 写成 $\frac{5625}{7}$ 的形式，然后做减法运算 $56-7=49$，$56-49=7$ 后得到的 7 写在 56 的所在的位置，即写成 $\frac{725}{7}$ 形式。再用 2 去乘下行的 7 得到 14，把 14 向右移动一位后写成 $\frac{725}{14}$ 的形式。再求这样一个数，使它去乘二倍后的数和自身后等于上行的数或接近但不超过上行的数（见参考文献 1，第 75 页），显然这个数是 5，再把得到的 5 写在位于下行 14 的右边，它的形式是 $\frac{725}{145}$。在从上行的 725 减去 100×5、20×5 与 5×5 后再减去 20×5，未剩任何余数，这时把 145 中的 14 换成它的一半 7，得到 75，这个 75 就是所求的根。伊安在求根运算时确实用到了二倍运算与除二运算，由此可以看出花拉子米专门介绍二倍运算与除二运算是为将要介绍的求根运算做的准备（见第 14 页注释②）。

　　当已知数 N 的根不是整数的时候，伊安把 N 分解成 $N=a^2+b^2$ 的形式，这里 a 是平方不超过 N 的最大整数。再用近似公式（见参考文献 11）：

$$\sqrt{N}=\sqrt{a^2+b^2}\approx a+\frac{b}{2a}$$

　　中国人很早就会求高次方根，据《九章算术·卷第四·少广》部分的记载（见参考文献 12），术或有以借算加定而命分者，或，或者。或有或无，必居其一。意指两种情况：或者"加借算"或者"不加借算"，两种命分方法，设 $N=a^2+b^2$，所谓"加借算命分"，即取

$$\sqrt{N}=\sqrt{a^2+b^2}\approx a+\frac{b}{2a+1}$$

所谓"不加借算命分"，乃取

$$\sqrt{N}=\sqrt{a^2+b^2}\approx a+\frac{b}{2a}$$

很显然，伊安的上述求根方法属于中国的"不加借算命分"法。

　　伊安在自己的作品中介绍过用 9 来验证所求平方根正确性的方法，即用 9 除以 75 时余数等于 3，3 的平方等于 9，假如 9 整除 5625，则求的是正确。当然当时印度人也会求平方根和立方根，十世纪的阿拉伯数学家艾合买提·按·纳萨胃在自己的作品中也介绍了求立方根的方法，数学家伊本·西纳在自己的 "Kitap ash-shifo" 一书的算数部分第一次给出了利用 9 来验证所求立方根正确性的方法。著名的中亚数学家和诗人奥马·海亚姆（1048-1131）在自己的《算数中的难题》（Mushkulat al-hisab）一书中，在欧几里得的公设与公理的基础上证明了印度人所利用的求平方根与立方根方法的正确性（见参考文献 13），遗憾的是海亚姆的这一作品早已失传。

相 关 图 片

图 1-1　牛津大学伯得勒亚图书馆收藏的花拉子米《代数学》阿拉伯文手抄本（1342 年），第一页

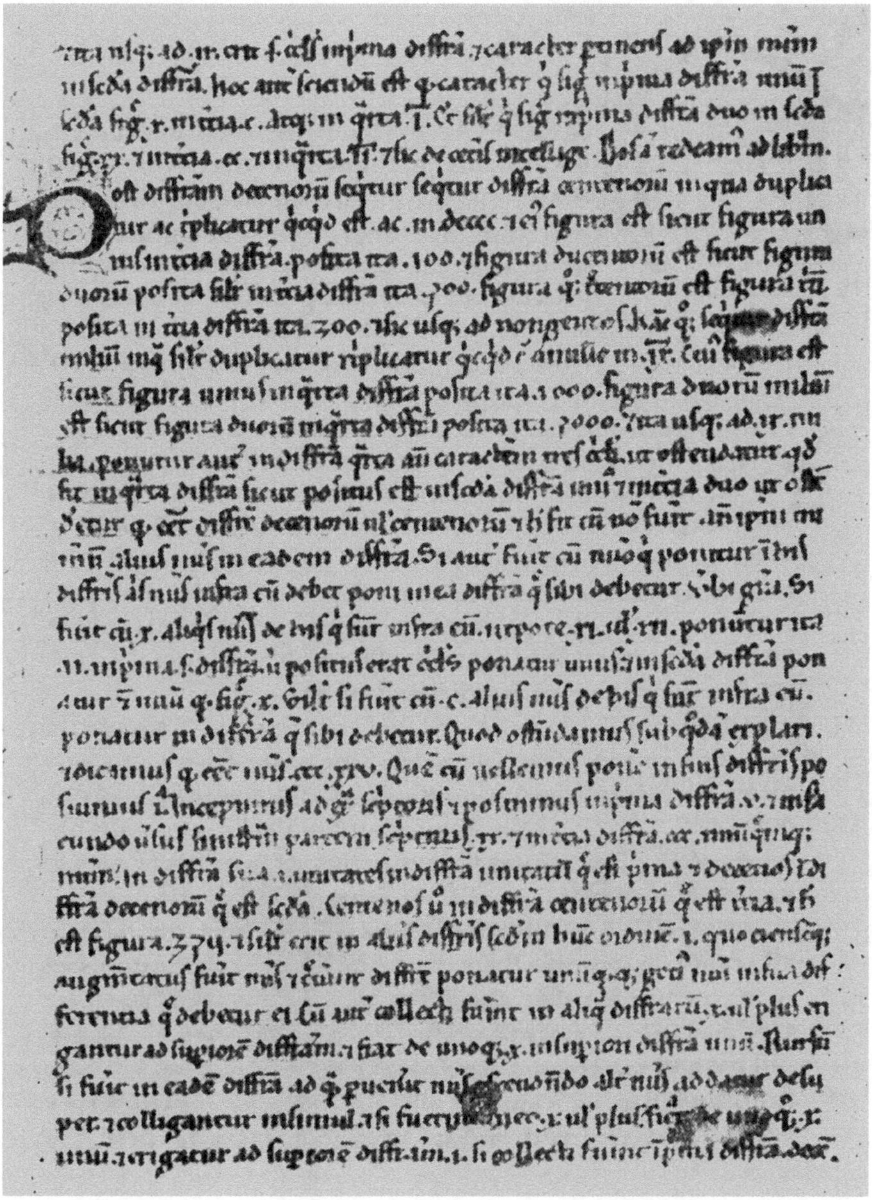

图 1-2　花拉子米的《印度计数法》，拉丁文译稿 103a 页

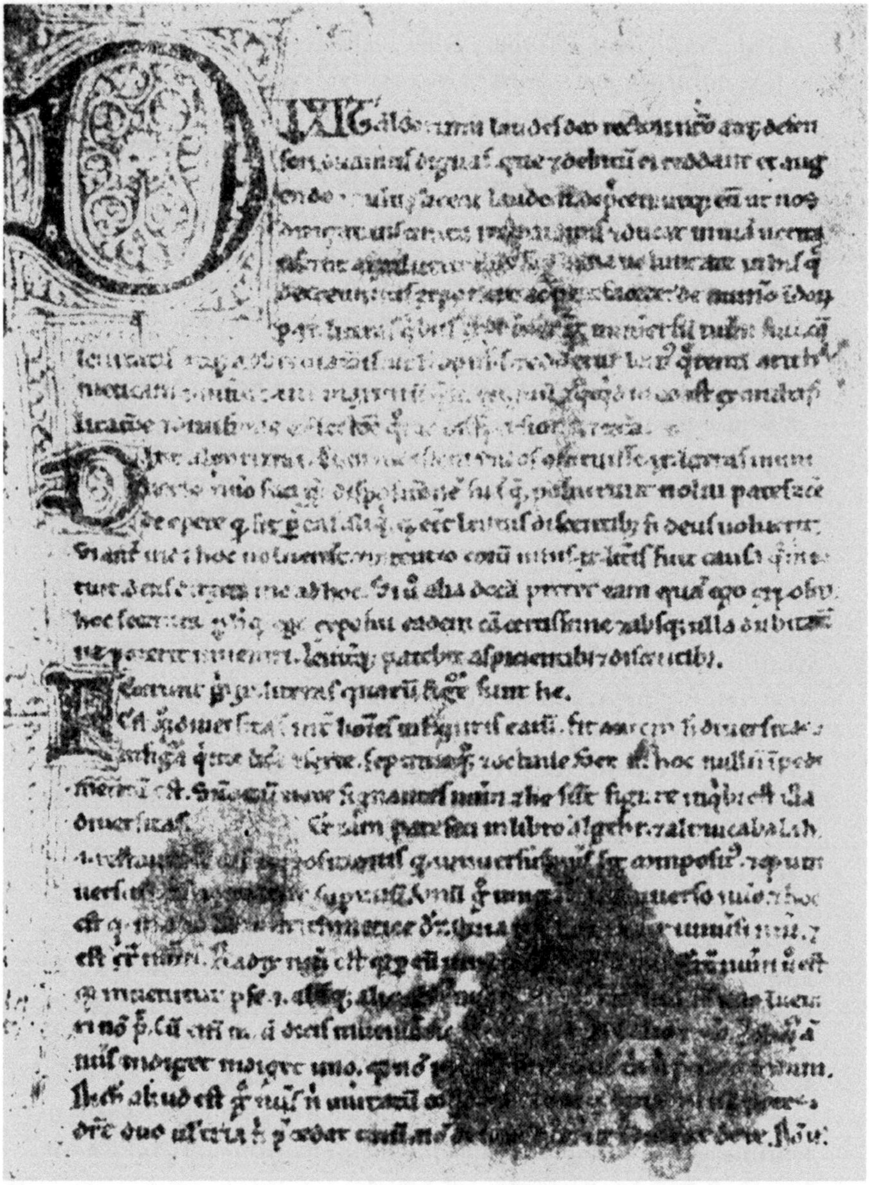

图 1-3　花拉子米《印度计算法》，拉丁文译稿 102a 页

参 考 文 献

[1] Trattati d'Aritmetica pubblicati da Baldassare Boncompagni II, Roma, 1857. 25-90

[2] Curtze M. Ubereine Algorismus-Schrift des XII Jahrhundert. Abhandlungen zur Geschichte der Mathematik, Heft 8, Leipzig

[3] F. Nau. Notes d'Astronomie syrienne, Jornal Asiatique, 6-ime serie. t. 16, 1910. 225

[4] B. Datta, Early history of the principle of place value, Scientia, vol. 50, 1931

[5] 李文林. 数学史教程. 北京：高等教育出版社，海德堡：施普林格出版社，2000. 107

[6] 李文林. 数学珍宝. 北京：科学出版社，2000. 96

[7] Аристотле Физика леревод ВПКарнова М, 1937. 97

[8] G. Needham and Wang Ling. Science and civilisation in China. vol. 3. Mathematics and the sciences of the heavens and the earth. Cambridge, 1959. 12

[9] Мухаммад Нбн Муса Ал-Хоразимиы, танланган асарлар, Узбекистан ССР "ФАН" НащирятиТашкент, 1983. 141

Мухаммад Нбн МусаАл-Хоразимиы, Математические трактаты Издателство "ФАН" УзбекистанССРТашкент, 1983. 111

[10] Цеитен Г. Исторня математики и в средние века перевод П. С. Юош-кевича, М. -. 1 1938. с. 197

[11] Мухаммад Нбн МусаАл-Хоразимиы, танлангана сарлар, (乌兹别克文), 147

Мухаммад Нбн МусаАл -Хоразимиы, Математические трактаты, (俄文), 117

[12] 李继闵. 《九章算术》导读与注释. 西安：陕西科学技术出版社，1998. 394

[13] Евклид Начала, 2определение Ⅶ Книги, Т. Ⅱ, Д. Д. Морбухан-Волтовского, М. - Л. 1938

[14] Wiedmann E. und Frank J. Beitrage zur Geschichte der NaturwissenschaftenLXⅡ. Zirkel zur Bestimmung der Gebetszeiten. Sitzungsberichte der Phys. -Med. Sozietat in erlangen, 1922. Bd. 52-53

[15] Карачкобскии И. ю. Арабская геогпафическая летература. Т. Ⅳ.

[16] Makala fi stihraj ta'rih al-yahud va a'yadihim. ta'lif Abu Jafar Muhammad ibn Musa al-Huarazmi, Haydarabat, Dekkan, 1366h/1947m

[17] Абу Реихан Бируни . Иэбр . произведения . т. Ⅲ, "Геодеэия". Исслеl. перевоl. и примеч . п. Г. Булгакоба. 1966

[18] Sezgin F. GAZ, Bd. Ⅵ, Leiden, 1974

[19] Ibn al-Kiftii. Kitab ahbar al-ulama bi-ahbar al-hukuma. Kahira, 1326 h. /1908m

[20] Huegebauer O. The astronomical tables of al-Khwarizmi, translation with commentaries of the Latin Version edited by H. Suter, Historisk-filosofiske skrifter udgivet af det Kongelige Danske Videnskabernes Selskab, Kobenhavn Bd. 4 N2, 1962

[21] Muhammad al-Horezmi. Matematiqeskie traktaty, perevod YU. H. Kompelebiq i B. A.

Rozenfelda, Taxkent, 1964

[22] 花拉子米, الكتاب المختصر فى حساب الجبر والمقابلة 阿拉伯文抄稿

[23] Zhabru Mugobala, navexte-e Muhammad ibne Muso Harazmii, Tarjema-e Husain Hedi-vzham (Farisqa). Tehran, 1348h/1970m

[24] Marre A. Le Messahat de Mohammed ben Moussa, extrait de son Algebre, Nouvelles Ann. de Math, 1846

[25] Ruska I. Zur altesten arabischen Algebra und Rechenkunst. Sitzungsberichte der Heidel-berger Akad. d. Wissenschaften, 1917

[26] Trattaty d'Aritmetica de Baldassare Boncompagni I, Algoritmi de numero indorum. II, Ioanni Hispaleensis liber algorizmi de pratica arismetrice, Roma, 1857

[27] Libri G. Histoire des sciences Mathematiques en Italie, vol. 1, Paris, 1839

[28] Vogel K. Mohammad ibn Musa Alchwarizmi's Algarismus. Aulen, 1963

[29] Sayili A. Abdulhamid ibn Turk'un "Katistik Denklemlerde Mantiki Zaruretler" Tarh Ku-rumu Jayinlardan. VII, Seri, 41, Ankara, 1962. Sezgin F., GAZ, Bd. V, Leiden, 1974

[30] Salei M. Muhammed al-Horezmi, velikii Uzbekskii uqenyi. Taxkent, 1954

[31] Rosen T. The algebra of Mohammed ben Musa. 1831

[32] Solih Zakii. Osori Bokiya turkqa. 1-zhild. Istanbul, 1329h/1911m

[33] Ruska I. Zur altesten arabischen Algebra und Rechenkunst. Sitzungsberichte der Heidel-berger Akad. d. Wissenschaften, 1917

[34] Ibn al-Kiftii. Kitab ahbar al-ulama bi-ahbar al-hukuma. Kahira, 1326 h. /1908m

[35] Kraqkobskiyi I. Yu. Arabskaya geografiqeskaya literatura. Izbr. soq-ya. T. IV, M-L., 1957

[36] Yuxkeviq A. P. Istoriya matemateki v srednie veka. Gosizdat fiz-mat. lit-ry. M., 1961

[37] Brokelmann C. Geschichte der Arabischin literatur BdI, Weimar, 1898

[38] Brokelmann C. Geschichte der Arabischin literatur, Erster Supplementband. Leiden, 1937

[39] Omar Haiiam, Traktaty, perevod B. A Rozenfelda, Moskva. 1961

代 数 学

前　言

奉至仁至慈的真主之名！

这部书由穆罕默德·伊本·穆萨·阿尔-花拉子米所著，他是这样开头的：一切赞颂归于真主。

他仁慈地看顾那些按照他的指引而敬待圣物的虔诚信徒。我们向他感恩，要约束自身以匹配他永恒的仁爱，要保持信仰永不改变：认同他的威严，膜拜他的力量，崇敬他的伟大。上天的兆示已经出现了很久，公理正义却被搁置一旁，人们为寻求生活的正路而彷徨迷茫，真主派遣穆罕默德（集真主的赐福于一身）作为先知，引导世人。经由他的手，真主还盲人以光明，救黎民于危难，助弱小以壮大，聚零散以团结。赞美我们万能的主！让他的荣耀得以加增，让他的尊名受万民呼喊——除了他，世间再无神明；让他的福祉泽佑先知穆罕默德和他的子孙吧！

在那些流逝的岁月里，在那些消逝的国家中，先哲们不断在科学的各个领域和知识的各个分支内著书立说，为后继者提供思想的指导，希望获得与他们能力相匹配的回报，并相信他们的努力最终会得到认可、关注与纪念——即使仅得到少许的赞扬，他们也会感到满足。"少"是相对而言的，相对于他们在揭开科学的秘密和奥妙的过程中曾遭遇的困难与曾忍受的痛苦。

他们中有些人致力于获取未被前人所知的知识并将其流传后世；有些人注解前人著作中高深的部分，确立最好的研究方法，使科学不再遥不可及；还有些人发现了前人著作中的谬误，理顺了令人困惑的部分，调整了不合常规的顺序，订正了同侪著作中的错误，但并未因此妄自尊大。

对科学的钟爱使得马蒙（Imam al Mamum）如此与众不同。他是信徒（the Faithful）的领导者（此外，他拥有合法继承的真主赋予的哈里发称号，身披真主赐予的圣袍，享有真主加诸于身的无上荣光）。他对学者们友善谦逊，坚定地保护并支持他们注释先人著作中的晦涩之处，攻克困难部分——所有这些激励我创作了一部关于还原与对消计算的短篇论著，其内容仅限于算术中最简单最有用的部分，人们在日常事务的处理中经常会用到，例如财物继承、遗产分配、诉讼、贸易，或者丈量土地、挖掘沟渠、几何计算以及其他各种相关的项目——仰仗著书的目的出于善意，我希望能够得到学者们的奖励。［于我而言］他们对主仁慈的虔诚祈祷就是我希冀的回报，而他们将会获得真主精心的佑护与博大的宽容！

我的信心与主同在，不仅在这件事，在任何事情上我都完全信赖他。他是崇高的王位的主人。愿他保佑所有的先知与天使！

还原与对消

当我思考人们在计算中通常需要什么的时候，我发现答案总是数字。

我也注意到每个数字都由单位数组成，并且任何数字都可以被分解为单位数。

而且，我发现从一到十的每个数字，后一个总比前一个多一个单位数。将单位数二倍或者三倍，就会得到二或三，直到十以内的全部十个数字。在十之后，就像先前单位数被加倍一样，［将十］二倍或者三倍：这就产生了二十、三十等，直至一百；而后用像对单位数和数十的同样方式处理，将一百二倍或者三倍，直至一千；对一千也重复相似的步骤，就可以构成任意复杂的数字，直至计数系统的极限。

我观察到利用还原与对消的法则计算所需要的数有三种，即根、平方以及与根或平方都无关的简单数。

根是指自乘后构成单位数、渐增的数或者递减分数的任意数。①

平方是指由根自乘后等到的数。

简单数是与根或平方都不相关的任意数。

属于这三类其一的数可以等于另一类中的数。例如，可以说"平方等于根"，或者"平方等于数"，或者"根等于数"②。

在"平方等于根"的情况下，这里有一个例子："一个平方等于它的根的五倍"③，这个平方的根是五，且平方是二十五，恰好等于它的根的五倍。

如果说"平方的三分之一等于其根的四倍"④；那么整个平方等于它的根的十二倍，即一百四十四，且它的根是十二。

或者说"平方的五倍等于它的根的十倍"⑤；那么一个平方等于它的根的两倍：平方的根是二，且平方是四。

由此，无论平方是大还是小（即由任意数相乘或者相除），都可以被化简为一个简单的平方；对于根也可以同样处理，它们与平方是等价的，也就是说，可以利用与平方同样的性质进行化简。

---

① "根"这个词，指的是任意未知量的简单数字的幂。

② $cx^2=bx$ $cx^2=a$ $bx=a$

③ $x^2=5x$ $x=5$

④ $\dfrac{x^2}{3}=4x$ $x^2=12x$ $x=12$

⑤ $5x^2=10x$ $x^2=2x$ $x=2$

关于"平方等于数"的情况，可以举例"一个平方等于九"①，则这是一个平方，且它的根为三；或者"平方的五倍等于八十"②，则平方等于八十的五分之一，即十六；或者"平方的一半等于十八"③，那么平方是三十六，它的根是六。

因此，通过对其中的乘数或约数的化简，所有的平方都可以被化为一个简单的平方；如果仅有平方的一部分，就将它加增直至一个完整的平方；还可以用同样的方法处理数字。

在"根等于数"的情形中，如果"一个根等于数字三"④，那么根是三，平方是九；或者"根的四倍等于二十"⑤，则一个根等于五，由它组成的平方是二十五；或者"根的一半是十"⑥，那么整个根等于二十，由它构成的平方是四百。

我发现这三类，即根、平方和数可以组合在一起，这样就出现了三种复合的类型⑦，亦即"平方与根的和等于数"；"平方与数的和等于根"；"根与数的和等于平方"。

平方与根的和等于数⑧；例如，"一个平方与它的根的十倍等于三十九**迪拉姆**（dirham 摩洛哥、阿联酋、埃及等国之货币单位）"；也就是说，这个平方必须是什么数才能使得它加上其根的十倍后，和为三十九？解法是这样的：将根的数字⑨取半，则它等于五；将其自乘，积为二十五；再加上三十九，和为六十四；现在取它的根，即为八；从中减去根的数字的一半，即五，其差为三。这就是所要求的平方的根，它的平方是九。

---

① $x^2=9$ $x=3$

② $5x^2=80$ $x^2=\dfrac{80}{5}=16$

③ $\dfrac{x^2}{2}=18$ $x^2=36$ $x=6$

④ $x=3$

⑤ $4x=20$ $x=5$

⑥ $\dfrac{x}{2}=10$ $x=20$

⑦ 这三种情况是：
第一种 $cx^2+bx=a$
第二种 $cx^2+a=bx$
第三种 $cx^2=bx+a$

⑧ 第一种情况 $cx^2+bx=a$

例子 $x^2+10x=39$ $x=\sqrt{(\dfrac{10}{2})^2+39}-\dfrac{10}{2}$
$$=\sqrt{64}-5$$
$$=8-5=3$$

⑨ 即系数

　　当出现两个或者三个平方，或平方的个数多于或者少于一时都可以使用同样的方法，将它们化简为一个简单的平方①。而且利用同样的法则，也可以与平方相加的根及简单数。

　　例如，"两个平方与十个根的和等于四十八迪拉姆"②。也就是说，这两个平方必须是什么数才能使得自身与它们其中之一的根的十倍相加的和是四十八迪拉姆？首先，必须将两个平方化简为一个，已知其中之一是二者的和的一半，因此将命题中提到的所有量都减半，那么它应该与原来的问题等价——平方与它的根的五倍等于二十四迪拉姆；或者说，一个平方必须是什么数才能与自身的根的五倍相加等于二十四迪拉姆？现在将根的系数取半，则它的二分之一是二又二分之一；将其自乘，积为六又四分之一；再加上二十四，和为三十又四分之一；取这个数的根，即五又二分之一；从其中减去根的数字的二分之一，即二又二分之一，所得的差为三。这就是平方的根，平方自身为九。

　　如果例子是"平方的二分之一与根的五倍的和等于二十八迪拉姆"③，也就是说，这个平方必须是什么数才能使得它的二分之一，加上它相应的根的五倍等于二十八？那么计算的步骤是相同的。要做的第一步是必须使平方完全，这样它才相当于一个完整的平方。这一步可以通过对它加倍来实现。在此之后，还要将被加于它的量以及与它们的和相等的量加倍。这样就得到一个平方加上根的十倍等于五十六。现在对根的系数取半；它的一半是五；将其自乘，积为二十五；与五十六相加，和为八十一；取该数的根，即九；从其中减去根的系数的二分之一，

---

① $cx^2+bx=a$ 被化成形为 $x^2+\dfrac{b}{c}x=\dfrac{a}{c}$

② $2x^2+10x=48$

　　$x^2+5x=24$

　　$x=\sqrt{(\dfrac{5}{2})^2+24}-\dfrac{5}{2}$

　　　$=\sqrt{6\dfrac{1}{4}+24}-2\dfrac{1}{2}$

　　　$=5\dfrac{1}{2}-2\dfrac{1}{2}=3$

③ $\dfrac{x^2}{2}+5x=28$

　　$x^2+10x=56$

　　$x=\sqrt{(\dfrac{10}{2})^2+56}-\dfrac{10}{2}$

　　　$=\sqrt{25+56}-5$

　　　$=\sqrt{81}-5$

　　　$=9-5=4$

即五；差为四。这就是要求的根，它的平方为十六，平方的一半是八。

　　依照这样的步骤进行，无论何时遇到平方与根的和等于简单数的题目，如果真主愿意的话，你都能够解答。

　　平方与数的和等于根[①]；例如，"平方与数字二十一迪拉姆的和等于同一平方的根的十倍。"也就是说，一个平方必须是什么数，才能使得加上二十一迪拉姆后与该平方对应的根的十倍相等？解法是：取根的系数的一半；它的一半是五；将其自乘，积是二十五；从中减去与平方相加的数字二十一，差是四；取它的根，为二；用根的系数的一半，即五，减去这个数，余三。这就是所求的平方的根，其平方为九。或者可以把所得的根加上根系数的一半，和为七；这也是所求得平方的根，且这个平方本身是四十九。

　　当你遇到这种类型的题目，先试用加法的解法；如果没有奏效，那么减法的解法一定可以成功。必须将根的系数取半的情形共有三种，在上述情况中，加法和减法的解法都可以采用，而在其他两种情况下就不一定能够解答了。并且你要知道，在被归类于这种情形的问题中，你将根的系数取半并将其自乘，如果乘积小于与平方相连的数字，那么这种情况是不成立的[②]。但如果乘积恰好等于那个数，那么平方的根等于根的系数的一半，不需要再进行加减。

　　如果出现两个平方，或者出现多于两个或小于一个平方，在这样的题目中，要像我在第一种情形中解释过的那样，将它们化简为一个完整的平方[③]。

　　根与数的和等于平方[④]；例如"根的三倍与简单数四的和等于一个平方。"解法：取根系数的一半，即一又二分之一；将其自乘，积为二又四分之一；加

---

① 第二种情况 $cx^2 + a = bx$
　　例子 $x^2 + 21 = 10x$
$$x = \frac{10}{2} \pm \sqrt{\left(\frac{10}{2}\right)^2 - 21}$$
$$= 5 \pm \sqrt{25 - 21}$$
$$= 5 \pm \sqrt{4} = 5 \pm 2$$

② 如果在形如 $x^2 + a = bx$ 的方程中，$\left(\frac{b}{2}\right)^2 < a$，假设这样的情况在这类方程中不可能发生。
　　如果 $\left(\frac{b}{2}\right)^2 = a$，则 $x = \frac{b}{2}$

③ $cx^2 + a = bx$ 可以被化为形如 $x^2 + \frac{a}{c} = \frac{b}{c}x$

④ 第三种情况 $cx^2 = bx + a$
　　例子 $x^2 = 3x + 4$
$$x = \sqrt{\left(\frac{3}{2}\right)^2 + 4} + \frac{3}{2}$$
$$= \sqrt{2\frac{1}{4} + 4} + 1\frac{1}{2} = \sqrt{6\frac{1}{4}} + 1\frac{1}{2} = 2\frac{1}{2} + 1\frac{1}{2} = 4$$

四，和为六又四分之一；取其根，为二又二分之一；将它与根系数的一半，即一又二分之一相加，和为四。这即为平方的根，平方是十六。

如果平方部分大于一倍平方或者不是一倍平方，就将它化简为一个完整的平方。

这就是我在书中介绍部分提到的六种情况，现在它们都已经被分别解释过了。我已说明了它们中的三种不需要取根系数的一半，而且也传授了解题方法；至于其他三种，取根的系数的一半是必要的，我觉得为了能够阐述的更加明确，用单独的章节解释它是有必要的。其中每种情况都会给出一个图示来解释取根的系数的一半的原因。

例题证明 "平方与根的十倍的和等于三十九迪拉姆"[①]

用来解释这道题目的图形是一个正方形，其边长未知，它表示你想要求的或者想知道那个根的平方。正方形 AB 中的每边均表示平方的根，如果你将其中的一边乘以任一数，则那个数会被看成是加到平方上的根的系数。正方形的每条边代表平方的根；而且在这道题目中，与平方相加的是十倍的根。我们可以取十的四分之一，即二又二分之一，将它加在原图形四条边的每条边上，这样，原有的正方形 AB 上便增补了四个新的平行四边形，每个均以方形的边长为长，以数二又二分之一为宽，它们是平行四边形 C、G、T、K。现在我们有了一个边长相等但未知的正方形，而这个正方形的每个角上都缺少一个（小的）正方形，即二又二分之一自乘的积，它也正是我们需要的。为了满足这个需要同时也使方形完整，我们必须将二又二分之一的四倍即二十五加到已有的图形上。［通过叙述］我们已经知道第一个图形，即正方形代表着平方，加上四边的代表十倍的根的四个平行四边形等于数三十九。如果再加上二十五，即相当于增补了正方形 AB 四个角外面的小方形，那么大的正方形 DH 便完整了。于是我们知道相加的总和是六十四。这个大正方形的每条边就是它的根，即八。如果我们从大正方形 DH 的每条边的两端减去两个十的四分之一，即五，那么剩下的每边长为三。它即是平方的根，或者说是原图形 AB 的边长。必须注意到，我们将根的系数取半，将根二分之一的自乘积加到数三十九上，用来填补大方形的四个角使其完整。因为任意数的四分之一自乘后再四倍，等于这个数的二分之一的自乘积[②]。因此，我们只能将根的系数的一半进行自乘，而没有将它的四分之一自乘后再乘以四倍。如图 2-1：

同样的题目还可以用其他图形来表示：

我们仍从代表平方的正方形 AB 开始，下一步是将根的十倍加于其上。为

---

① $x^2 + 10x = 39$ 的几何证明图示。

② $4 \times (\dfrac{b}{4})^2 = (\dfrac{b}{2})^2$

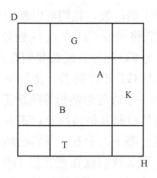

图 2-1

此，我们将十取半，即五；在 AB 的两条边上分别构造两个平行四边形，即 G、D。平行四边形的一条边长为五，即根的十倍的二分之一，而它们的宽恰好等于正方形 AB 的边长。这样与正方形 AB 对角的也是一个正方形。它等于五乘以五：这个五就是我们已经加到第一个正方形上的两条边上的根的系数的一半。于是我们知道，第一个正方形，即平方加上边上的两个平行四边形，即十倍的根，等于三十九。为了使大的正方形完整，需要一个五乘以五的平方即二十五。我们将它加上三十九，使得大正方形 SH 完整，其和为六十四；再取它的根，即大正方形其中一边的长；从中减去我们先前加上的量，即五，得到的差为三。这就是代表平方的正方形 AB 的边长。它就是平方的根，其平方为九。如图 2-2 所示：

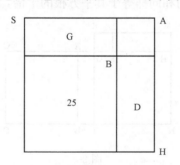

图 2-2

例题证明："平方加上二十一迪拉姆等于根的十倍"[1]。

我们用一个正方形 AD 代表平方，它的边长未知，在其上增加一个矩形，其宽等于正方形 AD 的边长，比如边 HN 的长。这两个图形的长相加等于线段 HC，我们知道它的长度是十。每个正方形都具有相同的边和角，其中的一条边乘以单位一是这个正方形的根，或者乘以二是它的根的二倍，正如上文所述，一

———————

[1] $x^2 + 21 = 10x$ 的几何证明图示。

个平方与数二十一的和等于十倍的根，我们可以断定线段 HC 等于数十，而线段 CD 代表平方的根。现在我们将线段 CH 在点 G 处分为相等的两段，则线段 GC 等于 HG。显然，线段 GT 与 CD 相等。现在我们在同一方向上为线段 GT 增加一小段，其长度相当于 CG 与 GT 长度的差，使得平方得以完整。那么线段 TK 与 KM 相等，我们由此得到一个边与角都相等的新正方形，即正方形 MT。我们知道线段 TK 等于五，这自然也是其他边的长；正方形为二十五，这也是根系数一半的自乘的积，即五乘以五等于二十五。我们已经看出平行四边形 HB 代表着加到正方形上的数二十一，那么我们就在正方形 HB 上沿线段 KT 截掉一部分，其中 KT 是正方形 MT 的一条边，也是矩形 TH 的一条边，因此只余 TA 这部分。现在我们从线段 KM 上截下与 GK 相等的 KL，这样就出现了线段 TG 与 ML 相等，而且从 KM 上截下的线段 KL 长度等于 KG；因而，四边形 MR 与 TA 相等。而且显然四边形 HT 加上四边形 MR 等于代表着二十一的四边形 HB。我们发现整个正方形 MT 等于二十五，如果现在我们从这个正方形 MT 中减去相当于二十一的四边形 HT 和 MR，则只剩一个小正方形 KR，它相当于二十五与二十一的差，即四。并且它的根，与 GA 相等的 RG，为二。如果从线段相当于根的系数的一半的线段 CG 中减掉数二，那么余下的是线段 AC，即三，它也正是原来的平方的根；但是如果在相当于根的系数的二分之一的线段 CG 上加上二，其和为七，表示为 CR，它相当于最大的平方的根。即便在这个平方上加上二十一，那么等到的和同样等于其平方根的十倍，如图 2-3：

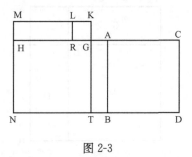

图 2-3

例题证明："根的三倍与简单数四的和等于一个平方"[1]。

用一个四边形表示一个平方，其边长未知但各边与各角均相等。这个正方形 AD 中包含了本题目中提到的根的三倍与数四。在每个正方形中，其中一边乘以单位一就是它的根。现在我们将四边形 HD 从正方形 AD 中截掉，取它的一边 HC 为三，恰好是根的系数且与 RD 相等。四边形 HB 代表加到根上的数四，现在我们将长为三的边 CH 在点 G 处取半，其中三为根的系数，由这个划分我们

---

① 　$x^2 = 3x + 4$ 的几何证明图示

可以构造一个平方 HT，它是根系数一半（或者说一又二分之一）的自乘积，也就是二又四分之一。然后我们在线段 GT 上增加一段与线段 AH 相等的部分，即 TL。于是，线段 GL 与 AG 相等且 KN 与 TL 相等。这样一个边和角相等的新四边形出现了，即四边形 GM。并且我们发现线段 AG 等于 ML，同样线段 AG 也等于 GL。同理可知线段 CG 与 NR 相等，MN 与 TL 相等；且四边形 HB 中与四边形 KL 相等的部分被截掉了。

但是我们知道四边形 AR 代表加到根的三倍上的数四，而四边形 AN 与 KL 的和相当于代表数四的四边形 AR。

我们也已看出，四边形 GM 中包含了根的系数的一半，即一又二分之一的自乘积，为二又四分之一，以及由四边形 AN 与 KL 代表的数四。原来的代表整个平方的大正方形 AD 的一条边上只余根的系数的一半即一又二分之一，也就是线段 GC。如果我们将它加到正方形 GM 的根即线段 AG 上，等于二又二分之一；那么它再加上 CG，即根的系数三的一半一又二分之一，等于四。这就是线段 AC，或者说是可以用正方形 AD 表示的平方的根。如图 2-4，这也是我们最想要解释的地方：

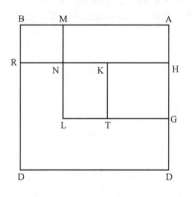

图 2-4

我们已经注意到，这一切都是利用还原与对消计算时所需要的，在计算时将你带到我在书中介绍的六种情况之一，要记住这一点，而且我们也已揭示了它们的证明。因此，请相信并接受这些方法。

乘　　　法

现在我来教你们如何将两个未知数相乘——未知数有如下情况：单独的根，或者根与数字相加，或者根与数字相减；或者数字减去根，以及如何将两个未知数相加与相减。

当一个数与另一个数相乘时，该数被重复相加的次数一定等于另一个数中含有的单位一的个数①。

如果较大的数与单位数的和或者差相乘，则肯定会出现四个乘积②：大数与大数；大数与单位数；单位数与大数；单位数与单位数。

如果与大数相加的单位数是正的，那么最后一个乘积是正的；如果两个单位数都是负的，那么第四个乘积也是正的；如果两数中一正一负，那么第四个乘积是负的③。

例如"十加一乘以十加二"④。十倍的十是一百；一倍的十是正十；两倍的十是正二十；一倍的二是正二；加在一起是一百三十二。

但如果例题是"十减一乘以十减一"⑤，则十倍的十是一百；负一乘以十是负十；另一个负一乘以十同样也是负十；因此它们相加等于八十；但是负一与负一相乘等于正一，所以最后的结果是八十一。

或者，如果例题是"十加二乘以十减一"⑥，则十倍的十是一百；负一乘以十是负十；正二乘以十是正二十；加在一起是一百一十；正二乘以负一等于负

_____

① 　如果将 x 乘以 y，相当于将 x 重复个 y 单位次（相加）。

② 　如果 $x \pm a$ 乘以 $y \pm b$，用 x 乘以 y，用 x 乘以 b，用 a 乘以 y，用 a 乘以 b。

③ 　在 $x \pm a$ 与 $y \pm b$ 相乘中，

$$+a \times +b = +ab$$
$$-a \times -b = +ab$$
$$+a \times -b = -ab$$
$$-a \times +b = -ab$$

④ 　$(10+1) \times (10+2)$

$$=10 \times 10 \cdots\cdots 100$$
$$+1 \times 10 \cdots\cdots 10$$
$$+2 \times 10 \cdots\cdots 20$$
$$\underline{+1 \times 2 \cdots\cdots 2}$$
$$+132$$

⑤ 　$(10-1) \times (10-1)$

$$=10 \times 10 \cdots\cdots +100$$
$$-1 \times 10 \cdots\cdots -10$$
$$-1 \times 10 \cdots\cdots -10$$
$$\underline{-1 \times -1 \cdots\cdots +1}$$
$$+81$$

⑥ 　$(10+2) \times (10-1)$

$$=10 \times 10 \cdots\cdots 100$$
$$-1 \times 10 \cdots\cdots -10$$
$$+10 \times 2 \cdots\cdots +20$$
$$\underline{-1 \times 2 \cdots\cdots -2}$$
$$+108$$

二；因此乘积是一百零八。

我解释这些是因为它们可以作为对求解未知的和的乘积的说明。和的乘积有三种情况：未知量与数的和的乘积；未知量与数的差的乘积；数减去未知量的乘积。

例如："十减去'物'的差①与十相乘"②。可以从计算十乘以十开始，得到一百；负的"物"乘以十等于负的十倍的"物"；因此乘积为一百减去十倍的"物"。

如果例题为："十与'物'的和乘以十"③。那么你先将十乘以十得到一百；"物"乘以十等于正的十倍的根，因此乘积为一百加上十倍的"物"。

如果例题为："十与'物'的和的自乘"④。则十乘以十等于一百；十乘以"物"是十倍的"物"，将这个步骤重复一次，十乘以"物"是十倍的"物"；而且"物"乘以"物"得到一个正的平方。因此整个乘积为数一百加上二十倍的"物"再加上一个正的平方。

如果例题是："十减'物'的差乘以十减去'物'⑤"，则十乘以十等于一百；负的"物"乘以十等于负的十倍的"物"；重复一次该步骤，负的"物"乘以十等于负的十倍的"物"；但负的"物"自乘等于一个正的平方。因此乘积为一百加上一个平方减去二十倍的"物"。

如果［有人］向你提出下列问题："数一减去六分之一乘以数一减去六分之一"，也可以用同样的方法来解决⑥。也就是说，六分之五的自乘，乘积是五与二十的和被分成六加上三十份；或者说是三分之二加上六分之一的六分之一。算法为：将数一与数一相乘，得到数一；然后将数一与负六分之一相乘，得到负的六分之一，接着再重复一次该步骤，数一与负六分之一相乘，得到负的六分之一；相加的和为三分之二；但还有一项为负的六分之一乘以负的六分之一，得到六分之一的六分之一。因此乘积为三分之二加上六分之一的六分之一。

如果例题是："十减去'物'乘以十加上'物'，"那么可以这样运算⑦：十乘以十等于一百；负的"物"乘以十得到十倍负的"物"；"物"乘以十等于十倍的正"物"；负的"物"乘以正的"物"得到一个负的平方；因此，乘积为数一百减去一个平方。

---

① 在本书中，我们将用"物"表示原书中的未知数以及方程的根。

② $(10-x)\times 10=10\times 10-10x=100-10x$

③ $(10+x)\times 10=10\times 10+10x=100+10x$

④ $(10+x)(10+x)=10\times 10+10x+10x+x^2=100+20x+x^2$

⑤ $(10-x)(10-x)=10\times 10-10x-10x+x^2=100-20x+x^2$

⑥ $(1-\frac{1}{6})(1-\frac{1}{6})=1-\frac{1}{3}+\frac{1}{6}\times\frac{1}{6}=\frac{2}{3}+\frac{1}{6}\times\frac{1}{6}$，即 $\frac{25}{36}=\frac{2}{3}+\frac{1}{6}\times\frac{1}{6}$

⑦ $(10-x)(10+x)=10\times 10-10x+10x-x^2=100-x^2$

如果例题是："十与'物'的差乘以'物'"[1]；那么可以这样运算：十乘以"物"等于十倍的"物"，负的"物"乘以"物"得到一个负的平方；因此，乘积为十倍的"物"减去一个平方。

如果例题是："十与'物'的和乘以'物'与十的差"[2]；那么可以这样运算："物"乘以十等于十倍的正的"物"；"物"乘以"物"等于一个平方；负十乘以十等于负的一百；负十乘以"物"等于负的十倍的"物"。这样就得到乘积是平方减去一百；如果进行对消，即将正十倍的"物"与负十倍的"物"相抵，结果仍然是平方减去数一百。

如果例题是："十与'物'的二分之一的和乘以二分之一减去五倍的'物'"[3]；那么，二分之一乘以十等于正五；二分之一乘以"物"的一半得到正的"物"的四分之一；负五倍的"物"乘以十等于负的五十倍的"物"；这些相加等于五减去四十九又四分之三倍的"物"，然后再将负五倍的"物"与正"物"的二分之一相乘，得到负的二又二分之一倍的平方。因此，乘积是五减去二又二分之一倍的平方再减去四十九又四分之三倍的"物"。

如果例题是："十加上'物'的和乘以'物'减去十的差"[4]；则它等价于上文中提到的"物"与十的和乘以"物"与十的差。因此，"物"与"物"相乘得到一个正的平方；十乘以"物"等于正的十倍的"物"；负十乘以"物"等于负的十倍的"物"；现在将正负相抵，则只剩下正的平方；负十乘以十等于负一百，从平方中减去一百，因此将所有项加到一起得到结果是平方减去数一百。

每当一个正因子和一个负因子相乘时，比如正的"物"和负的"物"相乘，得到的永远都是负的乘积，请务必牢记这一点，真主保佑你。

加法与减法

我们知道二百的根减去十的差，加上二十减去二百的根的差，等于十[5]。

二十减去二百的根的差，再减去二百的根减去十的差，等于三十减去二百的根的二倍，而二百的根的二倍与八百的根相等[6]。

---

[1]　$(10-x)\,x=10x-x^2$

[2]　$(10+x)\,(x-10)=10x+x^2-100-10x=x^2-100$

[3]　$(10+\dfrac{x}{2})\,(\dfrac{1}{2}-5x)=\dfrac{10}{2}+\dfrac{x}{4}-50x-\dfrac{5}{2}x^2=5-49\dfrac{3}{4}x-2\dfrac{1}{2}x^2$

[4]　$(10+x)\,(x-10)=(x+10)\,(x-10)=x^2+10x-10x-100=x^2-100$

[5]　$20-\sqrt{200}+(\sqrt{200}-10)=10$

[6]　$(20-\sqrt{200})-(\sqrt{200}-10)=30-2\sqrt{200}=30-\sqrt{800}$

一百与一个平方的和减去二十倍根的差，加上五十与十倍根的和减去二倍平方的差^①，等于一百五十减去一个平方再减去十倍的根。

一百与一个平方的和减去二十倍根的差，减去五十与十倍根的和减去二倍平方的差，等于五十余三倍平方的和减去三十倍的根^②。

下文中我将用一幅图来解释这一点，此图附于本章。

如果想将任意已知或者未知的平方的根加倍（将其加倍意味着你将它与二相乘），那么将它的平方乘以两次二就可以实现^③，则这个积的根就等于原来平方的根的二倍。

如果想要将它三倍，用三乘三再乘以这个平方，则所得的积的根就是原来平方的根的三倍。

无论与根相乘的数是大于还是小于二，都可以用这个方法来计算根的乘积^④。

如果想要得到平方的根的一半，只需要将二分之一与二分之一相乘，即得到四分之一，用它乘以该平方：所得的乘积的平方根就是原来平方的根的二分之一^⑤。

如果想要得到根的三分之一或者四分之一，或者任意大小的比例^⑥，按照同样的法则都可以做到，无论对于分数还是整数都成立。

例子：如果想使九的根加倍^⑦。则可以用二与二的积和九相乘，得三十六，再取其根，为六。它即为九的根的二倍。

如果想得到九的根的三倍^⑧，也可以采用同样的方法。将三与三的积再乘以九，得到八十一；取它的根，即为九。它与九的根的三倍相等。

如果想得到九的根的一半^⑨，就将二分之一与二分之一相乘得到四分之一，

---

① $50+10x-2x^2+\left(100+x^2-20x\right)=150-10x-x^2$

② $100+x^2-20x-\left(50-2x^2+10x\right)=50+3x^2-30x$

③ $2\sqrt{x^2}=\sqrt{4x^2}$

$\ 3\sqrt{x^2}=\sqrt{9x^2}$

④ $n\ \sqrt{x^2}=\sqrt{n^2x^2}$

⑤ $\dfrac{1}{2}\sqrt{x^2}=\sqrt{\dfrac{x^2}{4}}$

⑥ $\dfrac{1}{n}\ \sqrt{x^2}=\sqrt{\dfrac{x^2}{n^2}}$

⑦ $2\sqrt{9}=\sqrt{4\times9}=\sqrt{36}=6$

⑧ $3\sqrt{9}=\sqrt{9\times9}=\sqrt{81}=9$

⑨ $\dfrac{1}{2}\sqrt{9}=\sqrt{\dfrac{9}{4}}=\sqrt{2\dfrac{1}{4}}=1\dfrac{1}{2}$

再用它乘以九，所得的结果为二又四分之一；取其根，即为一又二分之一，它就是九的根的一半。

可以在任意根上应用这一法则，无论根是正还是负，是已知还是未知。

除　　法

如果想用四的根除九的根[①]，要先用九除以四，得到二又二分之一，这个数的平方根就是所要求的，即为一又二分之一。

如果想用九的根除四的根[②]，要先用四除以九，得到单位一的九分之四，它的根是二除以三，即为单位一的三分之二。

如果想用九的根的二倍除以四的根或者任意其他平方的根[③]，可以按照上文中乘法一章里已经说明了的方法将九的根加倍，然后用四除得到的积，之后就可以照前面指出的方法来做了。

同样，如果想把九的根的三倍或者更多倍，或它的二分之一，或者它的任意的倍或者任意分之一作为被除数，则计算法则是相同的[④]。按照这样的方法去做，真主愿意，结果肯定是正确的。

如果将九的根与四的根相乘[⑤]，那么先将九乘以四，得到三十六，在取它的根，为六。这就是九的根与四的根相乘的结果。

如果想将五的根与十的根相乘[⑥]，需要先将五与十相乘：乘积的根就是要求的结果。

如果想将三分之一的根与二分之一的根相乘[⑦]，先将三分之一与二分之一相乘，得到六分之一；六分之一的根等于三分之一的根乘以二分之一的根。

---

① $\dfrac{\sqrt{9}}{\sqrt{4}}=\sqrt{\dfrac{9}{4}}=\sqrt{2\dfrac{1}{4}}=1\dfrac{1}{2}$

② $\dfrac{\sqrt{4}}{\sqrt{9}}=\sqrt{\dfrac{4}{9}}=\dfrac{2}{3}$

③ $\dfrac{2\sqrt{9}}{\sqrt{4}}=\sqrt{\dfrac{36}{4}}=\sqrt{9}=3$

④ $\dfrac{m\sqrt{p^2}}{\sqrt{q^2}}=\sqrt{\dfrac{m^2p^2}{q^2}}$

⑤ $\sqrt{4}\times\sqrt{9}=\sqrt{4\times9}=\sqrt{36}=6$

⑥ $\sqrt{5}\times\sqrt{10}=\sqrt{5\times10}=\sqrt{50}$

⑦ $\sqrt{\dfrac{1}{2}}\times\sqrt{\dfrac{1}{3}}=\sqrt{\dfrac{1}{2}\times\dfrac{1}{3}}=\sqrt{\dfrac{1}{6}}$

如果想将九的根的二倍与四的根的三倍相乘[1]，那么就先按照上文中给出的法则计算九的根的二倍，这样可以知道它等于哪个平方的根；再用同样的方法处理四的根的三倍，可以知道它相当于个平方的根；然后将这两个平方相乘，乘积的根就等于九的根的二倍与四的根的三倍的乘积。

你可以在所有的正根或者负根中使用这种方法。

证 明

二百的根减去十的差加上二十减去二百的根的差，可以借助图示说明：

线段 AB 表示二百的根，点 A 到点 C 的部分表示十，那么二百的根的剩余的部分应该对应线段 AB 剩余的部分，即线段 CB。从点 B 画直线到点 D，来表示二十，所以它的长是代表十的线段 AC 的两倍。取点 B 到点 H 的部分使它的长度等于表示二百的根的线段 AB 的长；那么二十剩余的部分应该等于直线上从点 H 到点 D 的部分。我们的目标是将二百的根减去十后剩余的部分，即线段 CB，加到线段 HD 上，或者说加到二十与二百的根的差上。我们截取 BH 上的一小段使之等于 CB，即线段 SH。已知线段 AB 或者说二百的根等于线段 BH，以及代表十的线段 AC 等于线段 SB，还知道线段 AB 剩余的部分，即线段 CB，等于线段 BH 剩余的部分，即线段 SH。因此，我们将 SH 这一段加到线段 HD 上。我们已经看出，从表示二十的线段 BD 上截取了与 AC 的长度十相等的一点，即 BS；之后，剩余线段 SD，其长度当然等于十。这就是我们想要解释的，如图 2-5：

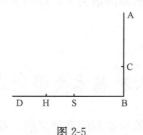

图 2-5

二十与二百的根的差减去二百的根与十的差的证明如下：线段 AB 代表二百的根，点 A 到点 C 间的部分表示题中给定的十；从点 B 起做一条线段到点 D 来表示二十；然后再取点 B 到点 H 间的部分并使其长度等于代表二百的根的线段 AB 的长度。我们可以看出线段 CB 就是在二十中减去二百的根后剩余的部分；而我们的目标是从线段 HD 中减去线段 CB；现在我们从点 B 作一条线段到点 S，

---

[1] $3\sqrt{4} \times 2\sqrt{9} = \sqrt{9 \times 4} \times \sqrt{4 \times 9} = \sqrt{36} \times \sqrt{36} = 36$

使其长度等于代表十的线段 AC 的长，则整条线段 SD 等于 SB 加上 BD。我们发现这些加在一起等于三十。现在我们从线段 HD 上截取一段等于 CB，即线段 HG；这样我们发现线段 GD 是代表三十的线段 SD 中的剩余部分。我们还知道线段 BH 是二百的根，线段 SB 和 BC 也同样是二百的根，而线段 HG 等于线段 CB。因此代表三十的线段 SD 上减去的部分就等于二百的根的二倍，或者说等于八百的根。这就是我们想要说明的，如图 2-6 所示：

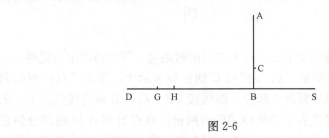

图 2-6

至于一百与平方的和减去二十倍的根再加上五十的和，加上十倍的根与二倍平方的差，就无法给出图示。因为其中有三类不同的量，即平方、根与数。因此没有与它们相对应并能将其表示出来的工具。事实上，我们也曾努力地为这种情形的题目构建图示，但是它不够清晰明了。

用语言来说明十分简单。已知一百加上平方减去二十倍的根，但将其加到五十与十倍根的和上时，结果为一百五十加上平方减去十倍的根，会出现十倍的负根的原因是：在负二十倍的根中十倍的正根被消去了，只剩下一百五十加上平方减去十倍的根。已知平方与一百相加的和，如果在其中减去两个平方与五十的差，那么一个平方因为对消的原因消去了，还剩下一个平方，所以剩余一百五十减去平方再减去十倍的根。

这就是我们所要解释的。

六种基本类型问题

在开始计算及与其相关的一系列的章节之前，我要先介绍六个问题，这六个问题是我在本书的开头处理的六类情况的实例。我已经说明了这六种情况中的三种解决起来不需要将根的系数取半，我也说过你会发现需要用还原和对消法则进行计算的问题必定会属于这六类情况中的一类。现在我来添加一些问题，通过这些问题可以使这个科目更易于理解、便于接受，同时使得证明更加直观明了。

第一个问题

我将十分为两个部分，将其中一部分与另一部分相乘；之后再将其中的一部分自乘；使得自乘的乘积是两部分乘积的四倍①。

算法：假设其中的一部分为"物"，另一部分为十减去"物"：将"物"与十减去"物"相乘；得到十倍的"物"减去一个平方；然后将它乘以四，因为题目中说"四倍"，结果是一部分与另一部分乘积的四倍，即为四十减去四倍的平方。然后将"物"与"物"相乘，即为将其中的一部分自乘。这是一个平方，它与四十减去四倍的平方相等。将四倍的平方移项，与另一个平方相加，则方程是：四十倍的"物"等于五倍的平方；即平方等于八倍的"物"；即六十四；因此它的"物"是八，且这就是两部分之一，也就是那个自乘的部分。十中剩余的部分是二，它就是另一个部分。因此这个问题归为六类情况中的一类，即"平方等于根"。请注意这一点。

第二个问题

我将十分为两个部分：将每一部分分别自乘；然后将十自乘：十自乘的积等于其中一部分自乘的积再乘以二又九分之七；或者等于另一部分自乘的积再乘以六又四分之一②。

假设其中的一部分为"物"，另一部分为十减去"物"。将"物"自乘，得到一个平方；然后再乘以二又九分之七，得到二又九分之七倍的平方。然后再将十与十自乘，得到一百，它等于二倍的平方加上平方的九分之七。通过乘以二十五分之九③，可以化简为一个平方，二十五分之九等于五分之一加上五分之四的五分之一。现在，取一百的五分之一再加上它的五分之四的五分之一，得到三十六，它等于一个平方。取平方的根，为六。它是两部分之一，因此另一部分是四。这个问题可以归为六类情况中的一类，即"平方等于数"。

第三个问题

我将十分为两个部分，然后将其中的一部分与另一部分相除，且比值为四④。

算法：假设其中的一部分为"物"，另一部分为十减去"物"。然后用十减去

---

① $x^2 = 4x (10-x) = 40x - 4x^2$

$5x^2 = 40x$；$x^2 = 8x$；$x = 8$；$(10-x) = 2$

② $10^2 = x^2 \times 2\dfrac{7}{9}$；$100 = x^2 \times \dfrac{25}{9}$

$\dfrac{9}{25} \times 100 = x^2$；$36 = x^2$；$x = 6$

③ $\dfrac{9}{25} = \dfrac{1}{5} \times \dfrac{4}{5} + \dfrac{1}{5}$

④ $\dfrac{10-x}{x} = 4$；$10-x = 4x$

$10 = 5x$；$2 = x$

"物"除以"物",使它等于四。已知如果用除数乘以比值,那么被除数不变。在目前这个问题中,比值是四,除数是一个"物",将四与"物"相乘,结果是四倍的"物"。它等于被除的数,即十减去"物"。现在将十减去"物"中的"物"消去,就要在四倍的"物"上再加一个"物"。这样我们得到五倍的"物"等于十,那么"物"等于二,且它是两部分之一。这个问题可以归为六类情况中的一类,即"根等于数"。

第四个问题

将"物"的三分之一与一的和乘以"物"的四分之一与一的和,乘积为二十[①]。

解法:用"物"的三分之一乘以"物"的四分之一,得到"物"平方的六分之一的一半;接着,将一与"物"的三分之一相乘,得到"物"的三分之一;将一与"物"的四分之一相乘,得到"物"的四分之一;再将一乘以一得到一。因此得到的结果是:"物"平方的六分之一的一半,加上"物"的三分之一,加上"物"的四分之一,再加一的和等于二十。现在从二十中减去一,剩余十九,它等于"物"平方的六分之一的一半加上"物"的三分之一再加上"物"的四分之一。现在要使平方完整,要将所有的项都乘以十二。这样就得到平方加上七倍的"物"等于二百二十八。取"物"的系数的一半并将它自乘,积为十二又四分之一;将它加到常数,即二百二十八上,其和为二百四十又四分之一;取其根,得到十五又二分之一;再从其中减去"物"的系数的一半,即三又二分之一,余十二,这就是组成平方的根。这个问题可以归为六类情况中的一类,即"平方加根等于数"。

第五个问题

我将十分为两个部分:将其中的每一部分分别自乘,然后将它们的乘积相加,所得的和等于五十八[②]。

算法:假设其中的一部分为"物",另一部分为十减去"物"。将十减去"物"自乘,得到一百加上平方的和减去二十倍的"物"。然后将"物"自乘,得到一个平方。将两个乘积相加,得到一百加上二倍的平方减去二十倍的"物",等于五十八。现在将负二十倍的"物"从一百加上二倍的平方处移走,并加在五十八上,这样就得到一百加上二倍的平方等于五十八加上二十倍的"物"。为了化简到一个平方,需要对所有的项取二分之一,那么就有:五十加一个平方等于

---

① $(\frac{1}{3}x+1)(\frac{1}{4}x+1)=20$; $\frac{x^2}{12}+\frac{1}{3}x+\frac{1}{4}x+1=20$

　　$\frac{x^2}{12}+\frac{7}{12}x=19$; $x^2+7x=228$; $x=\sqrt{\frac{49}{4}+228}-\frac{7}{2}=12$

② $x^2+(10-x)^2=58$; $2x^2-20x+100=58$

　　$x^2-10x+50=29$; $x^2+21=10x$

　　$x=5\pm\sqrt{25-21}=5\pm2=7$ 或者 3

二十九加上十倍的"物"。然后进行化简,从五十中减掉二十九,剩余二十一加上一个平方等于十倍的"物"。取"物"的系数的一半,等于五;将其自乘,得二十五;从中减去与平方相加的二十一,余四;取其根,得二;从"物"的系数的一半中减去,即从五中减去这个数,余三。这就是两个部分中的一个,另一个数是七。这个问题可以归为六类情况中的一类,即"平方加数等于根"。

第六个问题

我将"物"的三分之一与"物"的四分之一相乘,它的积等于"物"加上二十四[①]。

算法:将"物"的三分之一与根的四分之一相乘,得到一个平方的六分之一的一半,它等于一个"物"加上二十四。将一个平方的六分之一的一半乘以十二,使得平方完整,同时也将"物"乘以十二,得到十二倍的"物";再将二十四乘以十二;整个的乘积是二百八十八加上十二倍的"物",它等于一个平方。"物"的系数的一半是六,将其自乘,然后将乘积加到二百八十八上,得到三百二十四。取它的根,为十八;再将它加到"物"的系数的一半,即六上,和为二十四,这就是我们要求的平方的根。这个问题可以归为六类情况中的一类,即"根加数等于平方"。

综 合 例 题

如果有人向你提出这样的问题:"我将十分为两个部分:将其中的一部分与另一部分相乘,所得的积等于二十一"[②]。那么你知道其中的一部分为"物",另一部分为十减去"物"。然后用"物"乘以十减去"物",这样就得到十倍的"物"减去一个平方,使它等于二十一。将平方从十倍的"物"处分离出来,并将它加到二十一上,这样就得到十倍的"物"等于二十一加上一个平方。取"物"的系数的一半,为五,再与五相乘,得到二十五,从中减去与平方相加的二十一,余四。取它的根,即二。从"物"的系数的一半,即五中减去二,剩余三。它就是两部分之一。或者,可以将四的根加到"物"的系数的一半上,得到的和七,它也是两部分之一。这是可以运用加减法则来解决的题目之一。

如果问题是:"我将十分为两个部分:将其中的每一部分分别自乘,在所得

---

① $\dfrac{x}{3} \times \dfrac{x}{4} = x+24$; $\dfrac{x^2}{12} = x+24$

  $x^2 = 12x + 288$; $x = 6 + \sqrt{36+288} = 6 + 18 = 24$

② $(10-x)\,x = 21$; $10x - x^2 = 21$

  它可以被化为形如: $x^2 + 21 = 10x$; $x = 5 \pm \sqrt{25-21} = 5 \pm 2$

的乘积中用大的减去小的，差为四十"①；那么算法是：将十减去"物"自乘，得到一百加上平方的和减去二十倍的"物"。再将"物"自乘，得到一个平方。从一百加上平方的和减去二十倍的"物"中减去平方，就得到一百减去二十倍的"物"，它等于四十。将二十倍的"物"从一百处分离出来，加到四十上，这样就得到一百等于四十加上二十倍的"物"。现在从一百中减去四十，余六十，它等于二十倍的"物"；因此"物"等于三，它即为两部分之一。

　　如果问题是："我将十分为两个部分，将其中的每一部分分别自乘，再将两个乘积加在一起，然后再加上两部分自乘前相减的差，得到的总和等于五十四"②。那么解法是：将十减去"物"自乘，得到一百加上平方的和减去二十倍的"物"。再将十的另一部分自乘，得到一个平方。将它们加到一起，等于从一百加上两倍的平方再减去二十倍的"物"。题目中说明还要加上自乘前的两部分的差，也就是十减去两倍"物"的差，结果是一百加十再加两倍的平方减去二十二倍的"物"等于五十四。为了化简和解方程，可以将它化成一百加十再加两倍的平方等于五十四加上二十二倍的"物"。现在要将两个平方化简为一个，就需要将所有的项都取二分之一。这样就得到五十五加上一个平方等于二十七加上十一倍的"物"。从五十五中减去二十七，余二十八，再加上一个平方，等于十一倍的"物"。将"物"的系数取半，即五又二分之一，将其自乘，等到三十又四分之一。从中减去与平方相加的二十八，得到二又四分之一。取其根，为一又二分之一，从"物"的系数的一半中减去它，余四，它即为两部分之一。

　　如果有人说："我将十分为两个部分，将其中的每一部分分别除以另一个部分，两个比值的和等于二又六分之一"③；那么算法是：如果你将每一部分自乘，并将乘积相加，这个和等于一部分与另一部分相乘再乘以比值二又六分之一。将十减去"物"自乘，得到一百加上平方的和减去二十倍的"物"。再将"物"与

---

① $(10-x)^2-x^2=40$；$100-20x=40$

　　$100=20x+40$；$60=20x$；$3=x$

② $(10-x)^2+x^2+(10-x)-x=54$；$100-20x+2x^2+10-2x=54$

　　$110-22x+2x^2=54$；$55-11x+x^2=27$；$x^2+28=11x$

　　$x=\dfrac{11}{2}\pm\sqrt{\dfrac{121}{4}-28}=\dfrac{11\pm3}{2}=7$ 或者 4

③ $\dfrac{10-x}{x}+\dfrac{x}{10-x}=2\dfrac{1}{6}$

　　$100+2x^2-20x=x(10-x)\times2\dfrac{1}{6}=21\dfrac{2}{3}x-2\dfrac{1}{6}x^2$

　　$100+4\dfrac{1}{6}x^2=41\dfrac{2}{3}x$；$24+x^2=10x$

　　$x=5\pm\sqrt{25-24}=5\pm1=4$ 或者 6

"物"相乘，得到一个平方。将它们加到一起，等于从一百加上两倍的平方再减去二十倍的"物"。它等于"物"乘以十与"物"的差，即十倍的"物"减去平方，再乘以相除的两部分的比值，即二又六分之一。这样我们有二十一又三分之二倍的"物"减去二又六分之一倍的平方等于一百加上二倍的平方减去二十倍的"物"。化简这个方程，将二又六分之一倍的平方加到一百加上二倍的平方减去二十倍的"物"上，再把二十倍的"物"从一百加二倍的平方处移项并加到二十一又三分之二倍的"物"上。这样就得到一百加上四又六分之一倍的平方等于四十一又三分之二倍的"物"。现在将平方化简为一个。已知如果将四十一又三分之二乘以五分之一与五分之一的五分之一的和①，就可以化简为一个平方，那么，将所有的项都乘以五分之一与五分之一的五分之一的和。这样就得到二十四加上一个平方等于十倍的"物"，因为十倍的"物"是四十一又三分之二倍的"物"的五分之一加上它的五分之一的五分之一的和。现在取"物"的系数的一半，为五；将其自乘，等到二十五；从中减去与平方相加的二十四，余一。取它的根，是一，从"物"的系数的一半，即五中减去它，余四，它就是两部分之一。

这里要注意，任意的两个量相除，第一个除以第二个，第二个再除以第一个，得到两个比值。在任何情况下，这两个比值相乘，积永远是一②。

如果有人说："我将十分为两个部分，将其中的一部分乘以五，再除以另一部分。然后取比值的二分之一，再加上这一部分与五的乘积，和等于五十③"。那么算法如下：将"物"乘以五，再除以十中剩余的部分，即十减去"物"，然后再取比值的一半。

已知，如果用十减去"物"除五倍的根，再取比值的二分之一，结果与五倍的"物"的一半除以十减去"物"相等。因此，取五倍的"物"的一半，是二又二分之一倍的"物"，将它除以十减去"物"。现在二又二分之一倍的"物"除以十减去"物"，其比值等于五十减去五倍的"物"。这是因为题中说：将这个比值加到这一部分与五的乘积上，和等于五十。可以看出，如果这个比值，或者说相除的结果乘以除数，那么被除数或者被除的量不变。在眼下这个例子中被除的量是二又二分之一倍的"物"。因此，用十减去"物"乘以五十减去五倍的"物"，这样会得到五百加上五倍平方减去一百倍的"物"。化简为一个平方，那么方程

① $4\frac{1}{6}=\frac{25}{6}$；并且 $\frac{6}{25}=\frac{1}{5}+\frac{1}{5}\times\frac{1}{5}$

② $\frac{a}{b}\times\frac{b}{a}=1$

③ $\frac{5x}{2(10-x)}+5x=50$；$\frac{x}{2(10-x)}+x=10$

$x^2+100=20\frac{1}{2}x$；$x=\frac{41}{4}-\frac{9}{4}=8$

被化简为一百加上平方减去二十倍的"物"等于"物"的二分之一。将二十倍的"物"从一百加上平方处分离出来，加到"物"的二分之一上，这样就得到一百加上平方等于二十又二分之一倍的"物"。现在取"物"的系数的一半，将其自乘，从中减去一百，取差的根，然后从"物"的系数的一半，即十又四分之一中减去所得的结果，余八，这就是两部分之一。

如果有人说："你将十分为两个部分，将其中的一部分自乘，所得的积等于另一部分的八十一倍"[①]。算法是：将十减去"物"自乘，得到一百加上平方的和减二十倍的"物"，它等于八十一倍的"物"。将二十倍的"物"从一百加平方处分离出来，加到八十一倍的"物"上。这样就得到一百加上平方等于一百零一倍的"物"。取"物"的系数的一半，为五十又二分之一；将它自乘，为二千五百五十又四分之一。在其中减去一百，剩余两千四百五十又四分之一。取它的根，为四十九又二分之一。从"物"的系数的一半，即五十又二分之一中减去它，余一。这就是两部分之一。

如果有人说："我买了不同重量的小麦和大麦，它们的单价不同。然后我将花费的钱数相加，它的和等于两种单价的差再加上两个重量的差[②]"。

算法是：不妨随意取两个数，比如四和六。这样就有：我以每单位为"物"的价格购买四［单位小麦］，因此四乘以"物"等于四倍的"物"；同时再以每单位为"物"的一半的价格购买了六［单位大麦］，或者如果你愿意，可以用三分之一或四分之一或者价格的任意分之一来购买都无妨。假设你用每单位二分之一"物"的价格购买了六单位，那么用"物"的二分之一乘以六，得三倍的"物"，将它加到四倍的"物"上，和为七倍的"物"，它必须等于两个总量的差，即两个单位，加上两个价格的差，即"物"的二分之一。那么就得到，七倍的"物"等于二加上"物"的二分之一。移项，从七倍的"物"中减去"物"的二分之一，得到六又二分之一倍的"物"等于二。因此，一个"物"等于十三分之四。购买了六个单位，每单位的价格是"物"的二分之一，即十三分之二，故总费用为十三分之二十八。这个和等于两个重量的差，即两个单位，相当于十三分之二

---

① $(10-x)^2 = 81x$；$100 - 20x + x^2 = 81x$

$$x^2 + 100 = 101x；\quad x = \frac{101}{2} - \sqrt{\frac{101^2}{4} - 100} = 50\frac{1}{2} - 49\frac{1}{2} = 1$$

② 买主并没有对于他在购买时使用的术语做出清楚的解释，他想要说明的是：我买了 m 蒲式耳的小麦与 n 蒲式耳的大麦。小麦的单价是大麦的 r 倍。我花费的总钱数等于两种谷物的数量的差加上单价的差。

如果 x 是大麦的单价，rx 是小麦的单价，那么 $mrx + nx = (m-n) + (rx - x)$，所以 $x = \dfrac{m-n}{mr+n+r-1}$，花费的总钱数为 $\dfrac{(mr+n) \times (m-n)}{mr+n+r-1}$

十六，再加上两个价格的差，即十三分之二。这两个差相加正好等于二十八份。

如果说："有两个数[①]，它们的差是二。用较小的数除以较大的数，比值为二分之一。"[②] 假设其中的一个数为"物"（同②），另一个数为"物"加上二。"物"除以"物"与二的和，其比值为二分之一。已知用比值乘以除数，被除的量不变。此题中被除的量就是"物"。因此，用比值二分之一乘以"物"与二的和，积为"物"的二分之一加上一，等于"物"。移项，将"物"的二分之一与"物"的二分之一消去，得到"物"的二分之一。因此有：一等于"物"的二分之一，将其加倍，这样就得到"物"等于二，故而另一个数为四。

如果有人说："将十分为两个部分，将其中的一部分乘以十，另一部分自乘，它们的乘积相等"[③]。则算法为：用"物"乘以十，得到十倍的"物"，然后将十减去"物"自乘，得到一百加上平方的和减去二十倍的"物"，它等于十倍的"物"。然后再根据我解释过的法则进行化简。

同样，如果说："将十分为两个部分，将两部分相乘，然后再除以两部分的差，得到的商为五又四分之一"[④]。算法是：从十中减去"物"，余下十减去"物"，将它与另一部分相乘，得十倍的"物"减去平方，这就是两部分的乘积。现在用它除以两部分的差，即除以十减去二倍的"物"。根据题中所述，除得的商是五又四分之一。因此，如果用五又四分之一乘以十减去二倍的"物"，乘积与上文中的乘积，即十倍的"物"减去平方相等。现在用五又四分之一乘以十减去二倍的"物"，结果是五十二又二分之一减去十又二分之一倍的"物"，它等于十倍的"物"减去平方。将十又二分之一倍的"物"从五十二又二分之一处分离出来，加到十倍的"物"减去平方上，同时，将平方移加到五十二又二分之一，

---

① 原文中为"平方"

　书中使用"平方"这个词可能表达几重意思：

　1）平方本身的含义，包括整数和分数。

　2）一个有理整数，但不是平方数。

　3）一个有理分数，但不是平方数。

　4）一个无理的平方根，包括整数和分数。

② $\dfrac{x}{x+2}=\dfrac{1}{2}$；$x=\dfrac{x+2}{2}=\dfrac{x}{2}+1$

　$\dfrac{x}{2}=1$ 而且 $x+2=4$

③ $10x=(10-x)^2=100-20x+x^2$；$x=15-\sqrt{225-100}=15-\sqrt{125}$

④ $\dfrac{x\,(10-x)}{10-2x}=5\dfrac{1}{4}$；$10x-x^2=52\dfrac{1}{2}-10\dfrac{1}{2}x$

　$20\dfrac{1}{2}x=x^2+52\dfrac{1}{2}$；$x=10\dfrac{1}{4}-7\dfrac{1}{4}=3$

这样就得到二十又二分之一倍的"物"等于五十二又二分之一加上平方，接着继续化简，直至它可以适用于本书开始部分解释过的法则。

如果问题是："有一个平方，它的五分之一的三分之二等于它的根的七分之一。"那么，这个平方等于根加上根的七分之一的一半，根等于平方的十五分之十四[①]。算法是：将平方的五分之一的三分之二乘以七又二分之一，使得平方完整；同时，用七又二分之一乘以根的七分之一，结果是：平方等于一倍根加上根的七分之一的一半，因此根为一加上七分之一的一半，而平方为一又一百九十六分之二十九。平方的五分之一的三分之二是一百九十六分之三十，它的根的七分之一也一样是一百九十六分之三十。

如果问题是："平方的五分之一的四分之三等于它的根的五分之四"[②]。那么算法是：在五分之一的四分之三上加上它的四分之一，使得根完整，则它等于二十分之三又四分之三，即平方的八十分之十五。现在用八十除以十五，比值为五又三分之一，这正是平方的根，而平方为二十八又九分之四。

如果有人问："平方的根是什么数[③]才能使得平方的四倍等于二十?[④]"答案是：如果根与根相乘的积是五，那么这个根即为五的平方根。

如果有人让你求一个平方的根[⑤]：它乘以它的三分之一等于十[⑥]。解法是：根的自乘积是三十，因此这个根自然是三十的平方根。

如果问题是："求一个量，它与它的四倍的乘积等于这个量的三分之一"[⑦]。解法是：这个量乘以它的十二倍等于自身，那么这个量是六分之一的一半，这个量的三分之一等于六分之一的一半的三分之一。

---

① $\frac{2}{3} \times \frac{1}{5} x^2 = \frac{x}{7}$；$x^2 = 7\frac{1}{2} \times \frac{x}{7} = 1\frac{1}{14}x$

　$x = 1\frac{1}{14}$，$x^2 = 1\frac{29}{196}$；$\frac{2}{15}x^2 = \frac{30}{196} = \frac{x}{7}$

② $\frac{3}{4} \times \frac{1}{5} x^2 = \frac{4}{5}x$

　$\dfrac{3\frac{3}{4}x}{20}$，或者 $\frac{15}{80}x$，或者 $\frac{3}{16}x = 1$，因此 $x = \frac{16}{3} = 5\frac{1}{3}$

③ 原文为"平方"

④ $4x^2 = 20$，$x = \sqrt{5}$

⑤ 原文中为"平方"

⑥ $x \times \frac{x}{3} = 10$，$x^2 = 30$，$x = \sqrt{30}$

⑦ $x \times 4x = \frac{x}{3}$；$x = \frac{1}{12}$

如果问题是："一个平方与它的根的乘积等于该平方的三倍"①。那么解法是：如果用平方的三分之一乘以根，原来的平方不变，它的根必然是三，而平方是九。

如果题目是："求一个平方，它的根的四倍与其三倍的乘积等于该平方再加上四十四"②。那么解法是：用四倍根乘以三倍的根，得到十二倍的平方，它等于平方加上四十四。从十二倍的平方中消去与四十四相加的那个平方，余下十一倍的平方等于四十四，相除后得到结果为四，这就是该平方。

如果题目是："一个平方，它的根的四倍与其五倍的乘积等于平方的二倍加上三十六"③。那么解法为：用四倍的根乘以五倍的根，等到二十倍的平方，它等于平方的二倍加上三十六。从二十倍的平方中消去两倍的平方，得到十八倍的平方等于三十六，再用三十六除以十八，比值为二，这就是该平方。

同样，如果问题是："一个平方，它的根乘以根的四倍，积等于三倍的平方再加上五十"④。算法是：将根与根的四倍相乘，得到四倍的平方，它等于平方的三倍加上五十。将三倍的平方在四倍平方中消去，余下的平方等于五十。五十的平方根乘以五十的平方根的四倍等于二百，即三倍的平方加上五十。

如果题目是："平方加上二十等于它的根的十二倍。"⑤ 那么解法是：已知平方与二十的和等于根的十二倍，取根的系数的一半再自乘，得三十六，用三十六减去二十，再求差的根，从根的系数的一半，即六中减去它，余下的数九十平方的根，即二，而平方是四。

如果题目是："求一个'物'，从中减去它的三分之一与三的和，再将差自乘，等于该'物'。"⑥ 那么算法是：如果从平方中减去它的三分之一与三的和，则余下它的三分之二与三的差，这也是平方的根。将其自乘，得到"物"的三分之二乘以"物"的三分之二等于平方的九分之四，减去"物"的三分之二乘以三等于二倍的"物"，再减去"物"的三分之二乘以三等于二倍的"物"，而负三乘以负三等于九，因此得到平方的九分之四加上九减去四倍的"物"等于"物"。将四倍的"物"与"物"相加，得到五倍的"物"，它等于平方的九分之四加上九。为使得平方完全，因而用二又四分之一乘以平方的九分之四，得到一个平

---

① $x^2 \times x = 3x^2$；$x = 3$

② $4x \times 3x = x^2 + 44$；$11x^2 = 44$；$x^2 = 4$；$x = 2$

③ $4x \times 5x = 2x^2 + 36$；$18x^2 = 36$；$x^2 = 2$

④ $4x^2 = 3x^2 + 50$，$x^2 = 50$

⑤ $x^2 + 20 = 12x$，$x = 6 \pm \sqrt{36 - 20} = 6 \pm 4 = 10$ 或者 2

⑥ $[x - (\frac{x}{3} + 3)]^2 = x$ 或 $[\frac{2x}{3} - 3]^2 = x$

$\frac{4x^2}{9} + 9 = 5x$；$x^2 + 20\frac{1}{4} = 11\frac{1}{4}x$ $x = 9$ 或者 $2\frac{1}{4}$

方。同样用该数乘以九得到二十又四分之一，最后再用二又四分之一乘以五倍的"物"，得到十一又四分之一倍的"物"，那么就有，平方加上二十又四分之一等于十一又四分之一的"物"。再按照我教过你们的取"物"的系数一半的方法进行化简，就可以得到答案。

　　如果题目是："求一个数①，它的三分之一乘以它的四分之一等于这个数。"② 那么算法是：用"物"的三分之一乘以"物"的四分之一得到平方的六分之一的一半，它等于"物"，即平方等于十二倍的"物"。"物"即为一百四十四的平方根。

　　如果题目是："一个数，它的三分之一与一的和乘以它的四分之一与二的和等于这个数再加上十三。"③ 那么算法是："物"的三分之一乘以"物"的四分之一得到平方的六分之一的一半；二乘以三分之一的"物"得到"物"的三分之二；一乘以"物"的四分之一等于"物"的四分之一；一乘以二等于二。加到一起有平方的六分之一的一半加上二再加上"物"的十二分之十一等于"物"加上十三。从十三中消去另一端的数二，余十一；再从一个"物"中消去另一侧的"物"的十二分之十一，得到"物"的六分之一的一半加上十一等于平方的六分之一的一半。为使平方完整，将它乘以十二，并且将所有项都乘以十二，积为平方等于一百三十二加上"物"。按我教给你们的方法解，如果真主愿意，就会得到正确结果。

　　如果题目是："将一又二分之一在一个人和某几个人中分配，使得这一个人得到的数目是其他人人数的两倍，"④ 那么算法如下⑤：设一个人与其他人人数的和为一与未知数的和。因此问题相当于一又二分之一被分成一与未知数的和的份数，一个人得到的份数等于两倍的未知数。因此用二倍的未知数乘以一与未知数的和，得到两倍的平方加上两倍的"物"（未知数）等于一又二分之一。将其化简为一个平方，即将所有项都取半，这样得到平方加上"物"等于四分之三，然后按照我在书中开头部分教给你的方法化简。

　　如果题目是："求一个数⑥，从中减去它的三分之一再减去它的四分之一再

---

① 原文中为"平方"

② $\dfrac{x}{3} \times \dfrac{x}{4} = x$；$x^2 = 12x$；$x = 12$

③ $\left(\dfrac{x}{3} + 1\right) \times \left(\dfrac{x}{4} + 2\right) = x + 13$；$\dfrac{x^2}{12} + \dfrac{11}{12}x + 2 = x + 13$

　$\dfrac{x^2}{12} = \dfrac{x}{12} + 11$；$x^2 = x + 132$，$x = \dfrac{1}{2} + \dfrac{23}{2} = 12$

④ 注：由于得出 $x = \dfrac{1}{2}$ 为人数，说明本题数据有误。

⑤ $\dfrac{1\frac{1}{2}}{1+x} = 2x$；$x^2 + x = \dfrac{3}{4}$；$x = 1 - \dfrac{1}{2} = \dfrac{1}{2}$

⑥ 原文中为"平方"

减去四，将余下的部分自乘，等于这个数再加上十二。"① 那么算法是：设定一个"物"，从其中减去它的三分之一和四分之一，则余下它的十二分之五，再从其中减去四，余下"物"的十二分之五减四，将其自乘，那么，分子五变为二十五，而将十二自乘，结果为一百四十四，因此得到平方的一百四十四分之二十五。再将四乘以"物"的十二分之五，进行两次，共得到"物"的十二分之四十。最后将四与四相乘，得十六。将"物"的十二分之四十化为三倍的"物"加上三分之一倍的"物"。整个乘积为平方的一百四十四分之二十五加上十六再减去三又三分之一倍的"物"，相当于原来的数②，即"物"，再加上十二。将其进行化简，将三又三分之一倍的"物"加到"物"与十二的和上，等于四又三分之一倍的"物"加十二，继续对消，用十六减去十二，余下四加上平方的一百四十四分之二十五等于四又三分之一倍的"物"。必须使得平方完整，这可以通过对所有项乘以五又二十五分之十九来实现。因此，平方的一百四十四分之二十五乘以五又二十五分之十九得到一个平方；然后将四乘以五又二十五分之十九等于二十三又二十五分之一；再用四又三分之一倍的"物"乘以五又二十五分之十九，得到二十四又二十五分之二十四倍的"物"。现在取"物"的系数的一半为十二又二十五分之十二，将其自乘，得到一百五十五又六百二十五分之四百六十九，从中减去与平方相加的二十三又二十五分之一，余下一百三十二又六百二十五分之四百四十四；取它的根为十一又二十五分之十三，将其加上"物"系数的一半，即十二又二十五分之十二上，和为二十四。它即为所求的数③。当你把它的三分之一和四分之一和四从中减去，余下的部分自乘等于这个数再加上十二。

如果问题是："求一个平方根，使其与自身的三分之二相乘等于五。"④ 那么算法是：将"物"与"物"的三分之二相乘，得到平方的三分之二等于五。为了使平方完整，在一侧加上平方的三分之二的一半，同时，另一侧也需要加上五的一半，这样就得到平方等于七又二分之一，取它的平方根就是所求的根。它与它

---

① $\left(x-\dfrac{1}{3}x-\dfrac{1}{4}x-4\right)^2=x+12$；$\left(\dfrac{5}{12}x-4\right)^2=x+12$；$\dfrac{25}{144}x^2+16-3\dfrac{1}{3}x=x+12$

$\dfrac{25}{144}x^2+4=4\dfrac{1}{3}x$；$x^2+23\dfrac{1}{25}=24\dfrac{24}{25}x$

$\sqrt{\left[\left(\dfrac{24\dfrac{24}{25}}{2}\right)^2\right]-23\dfrac{1}{25}}+\dfrac{24\dfrac{24}{25}}{2}=x$；$11\dfrac{13}{25}+12\dfrac{12}{25}=24=x$

② 原文中为"平方"

③ 原文中为"平方"

④ $x\times\dfrac{2}{3}x=5$；$\dfrac{2}{3}x^2=5$；$x^2=7\dfrac{1}{2}$；$x=\sqrt{7\dfrac{1}{2}}$

的三分之二相乘等于五。

　　如果问题是："两个数①，其差为二。用小数除以大数，比值为二分之一。"②那么算法是：用"物"与二的和乘以比值二分之一，其积为"物"的二分之一加上一等于"物"，用"物"的二分之一将另一端的"物"的二分之一消去，余下"物"的二分之一等于一。将其加倍，就有"物"等于二。这即为两个数③之一，另一个数为四。

　　题目是："在一些人中平分数一，人数未知，增加一人后再次平分数一，前后两次比值的差为六分之一。"④ 则算法是：将第一次的人数，即未知数（"物"）乘以两次分配份额的差，然后再乘以第二次的人数，其乘积除以两次人数的差，这样就可以得到被除数。用第一次的人数，即未知数乘以六分之一，即两次份额的差，得到根的六分之一，然后再用它乘以第一次的人数加上另外的一个，即未知数加上一，乘积为平方的六分之一加上"物"的六分之一，除以一，等于一。为使得平方完整，可以将其乘以六，这样就有平方加上"物"等于六。取"物"的系数的二分之一并自乘，得四分之一，将它加到六上。取其和的根，再减去"物"系数的一半，就是刚刚将其自乘的二分之一，所得的差就为第一次的人数，本题中为二。

　　如果题目是："求一个平方根⑤，它与自身的三分之二的乘积为五。"⑥ 那么算法是：如果将平方根自乘，积为七又二分之一，那么它即为七又二分之一的平方根。与七又二分之一的平方根的三分之二相乘，三分之二乘以三分之二等于九分之四，九分之四乘以七又二分之一等于三又三分之一，三又三分之一的平方根即为七又二分之一的平方根的三分之二。用三又三分之一乘以七又二分之一，积为二十五，则其根为五。

---

① 原文中为"平方"

② $\dfrac{x}{x+2}=\dfrac{1}{2}$；$\dfrac{1}{2}x+1=x$；$\dfrac{1}{2}x=1$；$x=2$，$x+2=4$

③ 原文中为"平方"

④ $\dfrac{1}{x}-\dfrac{1}{x+1}=\dfrac{1}{6}$；$1=\dfrac{x\ (x+1)}{6}$

　　$x^2+x=6$；$\sqrt{\left[\dfrac{1}{2}\right]^2+6}-\dfrac{1}{2}=x=2$

⑤ 原文中为"平方"

⑥ $\dfrac{2}{3}x^2=5$；$x^2=7\dfrac{1}{2}$；$x=\sqrt{7\dfrac{1}{2}}$；$\sqrt{7\dfrac{1}{2}\times\dfrac{2}{3}\sqrt{7\dfrac{1}{2}}}=5$

　　$\sqrt{\dfrac{4}{9}\times7\dfrac{1}{2}}=\sqrt{3\dfrac{1}{3}}=\dfrac{2}{3}\sqrt{7\dfrac{1}{2}}$；$\sqrt{3\dfrac{1}{3}\times7\dfrac{1}{2}}=\sqrt{25}=5$

如果题目是："平方乘以它的根的三倍等于该平方的五倍。"① 那么它与下面的说法是等价的：平方乘以它的根等于平方再加上平方的三分之二。因此平方的根为一又三分之二，而平方是二又九分之七。

如果题目是："从平方中减去它的三分之一，并将差乘以平方的根的三倍，等于原平方。"② 算法是：如果你在第一个平方消去它的三分之二前将它乘以它的根的三倍，就会得到一倍平方加上二分之一倍的平方，根据题意，平方的三分之二乘以其根的三倍等于原平方，因此将整个平方与其根的三倍相乘就得到一又二分之一个平方。这个完整的平方与一个根相乘得到平方的一半。因此平方的根一定是二分之一，而平方是四分之一。平方的三分之二是六分之一，平方的根的三倍是一又二分之一。如果用六分之一乘以一又二分之一，得到的四分之一恰好是平方。

问题："求一个平方，用它减去其根的四倍，再取差的三分之一，等于根的四倍。"这个平方是二百五十六③。算法是：已知差的三分之一等于根的四倍，那么整个的差一定等于根的十二倍。将四倍的根加到十二倍的根上，和为十六倍的根，它即是平方的根。

题目："求一个平方，它减去自身的一个根后，取其差的根，如果在其上加上原平方的根，和为二。"④ 那么这等价于一个平方的根，加上同一平方减去根后所得的差的平方根，等于二。从〔方程〕前端减去一个平方的根，也要同样从二中减去它。将二减去根的差自乘，得到四加上平方减去四倍的根，它等于平方减去根，消去化简，得到平方加上四等于平方加上根的三倍。再将平方消去，得到三倍的根等于四，即根等于一又三分之一，即为平方的根，平方为一又九分之七。

问题是："平方减去其根的三倍，所得的差自乘，等于平方。"⑤ 由题意知，平方与根的三倍的差必是同一平方的根，因此该平方中包含四个这样的根，它一定是十六。

---

① $x^2 \times 3x = 5x^2$；$x^2 \times x = 1\frac{2}{3}x^2$；$x = 1\frac{2}{3}$；$x^2 = 2\frac{7}{9}$

② $\left(x^2 - \frac{1}{3}x^2\right) \times 3x = x^2$；$\frac{2}{3}x^2 \times 3x = x^2$

　$x^2 \times 3x = 1\frac{1}{2}x^2$；$x = \frac{1}{2}$；$x^2 = \frac{1}{4}$

③ $\frac{x^2 - 4x}{3} = 4x$；$x^2 - 4x = 12x$；$x^2 = 16x$；$x = 16$；$x^2 = 256$

④ $\sqrt{x^2 - x} + x = 2$；$\sqrt{x^2 - x} = 2 - x$；$x^2 - x = 4 + x^2 - 4x$

　$x^2 + 3x = 4 + x^2$；$3x = 4$；$x = 1\frac{1}{3}$

⑤ $(x^2 - 3x)^2 = x^2$；$x^2 - 3x = x$；$x^2 = 4x$；$x = 4$

商 贸 问 题

　　研究者认为，人们所有的商业交易活动，譬如买卖，交换与租赁，当中都包含着两组概念与四个数字，即单位与单价，数量与总价。表示单位的数与表示总价的数成反比，表示单价的数与表示数量的数成反比。这四个数中的通常三个已知，一个未知，它就是人们需要问的"多少"，也是问题的目标所在。这类问题的算法是：通过三个给出的数，其中两个必须是互成反比的，然后将两个成反比例的数相乘，再除以第三个已知数（与它成比例的数是未知的），得到的比值就是未知数，也就是说求的数，它与除数成反比。①

　　例子

　　情形一：如果有人问你："十与六成比例，那么多少与四成比例？"则十是单位，六是单价，问"多少"指的是表示数量的未知数，四是表示总价的数。表示单位的数十与表示总价的数四成反比，因此，将十与四相乘，也就是将两个成反比例的数相乘，积为四十，用它除以另一个已知数，即代表单价的数六，比值为六又三分之二，即是问题中问的"多少"所指的未知数，它代表数量，与代表单价的六成反比。

　　情形二：假如有人问这个问题："十与八成比例，那么与四成比例的总价必定是多少呢？"有时也可以表述为：四比上多少总价呢？十是表示单位的数，它与表示总价的未知数成反比，未知数在题目中即被表述为"多少"。八是单价，它与表示数量的数四成反比。将已知的成反比的两个数相乘，即将四与八相乘，积为三十二，再用它除以另一个表示单位的已知数，即十，比值是三又五分之一，这就是表示总价的数，它与除数十成反比。通过这种方法，所有与商业有关的计算都可以被解决。

　　如果有人问："一个工人每月得到十迪拉姆作为报酬，那么他工作六天该得多少报酬呢？"已知六天是一个月的五分之一，且他所得的报酬必须与这个月内工作的天数成比例，可以注意到一个月或者说三十天是单位，十迪拉姆是单价，六天是数量，他应得的钱数是总价。用单价十乘以与它成反比的表示数量的数，即六，乘积为六十，用它除以三十，即已知的表示单位的数，比值为二，它就是总价。

　　这就是所有与交换、度量或称重有关的商业交易问题的解决步骤。

---

① 　如果 a 与 b 成比例，且 A 与 B 成比例。

　　那么 $a : b = A : B$ 或者 $aB = bA$。因此 $a = \dfrac{bA}{B}$ 且 $b = \dfrac{aB}{A}$

面 积 问 题

我们知道"一乘以一"意指面积测量，可以理解为：一码（长度）乘以一码（宽度）。

边角相等的正四边形，若一边边长为一码，则其面积也为一；若这个正四边形的边长为两码，则它的面积是边长为一码的正四边形面积的四倍，若边长为三，或者其他，面积的计算也依此类推，不论边长是增加的还是减少的。例如，二分之一乘以二分之一得四分之一，其他分数也遵循同样的法则。一个正方形，若它的边长为二分之一码，其面积等于边长均为一码的正方形的四分之一。同样，三分之一乘以三分之一，四分之一乘以四分之一，五分之一乘以五分之一，或者三分之二乘以二分之一，抑或边长比这更大或者更小，都要遵循一样的法则。

每一个正方形，无论大小，它的边长均相等。如果将其边长乘以一则等于这个正方形面积的平方根；如果将其边长乘以二则等于这个正方形面积的平方根的二倍。

如果用任意等边三角形的高度乘以其底边的一半（底边即为与高垂直的线），乘积就是三角形的面积。

在菱形中，一条对角线与另一条的一半的乘积就是它的面积。

在任意圆中，直径与三又七分之一的乘积等于它的周长。这是一个尽管不十分精确，但在现实生活中被广泛使用的法则。印度数学家们还有其他两种办法。其中之一是，将直径自乘，再乘以十，然后将所得的乘积取平方根，根即为周长；另一种方法在天文学家中使用。将直径乘以六万二千八百三十二，然后用乘积除以两万，比值就是周长。这两种方法的结果很近似。[1]

如果用周长除以三又七分之一，比值是直径。

用周长的一半乘以直径的一半就可以得到圆的面积。因为在所有边角相等的多边形中，如三角形、四边形、五边形等等，周长的一半与其内接圆半径的乘积都可以得到面积。

如果将任意圆的直径自乘，从乘积中减去它的七分之一再减去它的七分之一

---

[1] 这三个公式是：

第一个：$3\frac{1}{7}d = p$，即 $3.1428d$

第二个：$\sqrt{10d^2} = pQ$，即 $3.16227d$

第三个：$\frac{d \times 62832}{20000} = p$，即 $3.1416d$

的一半，余下的恰好等于圆的面积，这种方法得到的结果与上文中给出的十分相近。①

　　圆的每个部分都可以比作弓。它必定或者等于圆面积的一半，或者比它大或小。这要由矢的长度来确定（图 2-7）。当它等于弦的一半时，面积恰好等于圆面积的一半；如果它比弦的一半短些，弓形就比二分之一圆面积小些；如果比其大些，则弓形比二分之一圆面积大些。

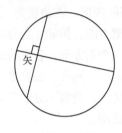

图 2-7

　　如果想确定［弓形］是属于哪个圆的，将弦长的一半自乘，除以矢，再将比值加到矢上，所得的和就是弓形隶属的圆的直径。

　　如果想计算弓形的面积，那么用圆的直径的一半乘以弧长的一半，记下所得的乘积。然后，如果弓形小于圆的二分之一，就从直径的一半中减去弓形的矢，如果弓形大于圆的二分之一，就从矢中减去直径的一半，用所得的差乘以弓形弦长的一半。如果弓形小于圆的一半，就从乘积中减去刚才记下的乘积，如果弓形大于圆的一半，便将其加上。所得的差或者和，就是弓形的面积。

　　正方体的体积可以通过长乘以宽再乘以高得到。

　　如果［底面］不是正方形而是圆、三角形，或者其它图形，那么表示高的直线与底面垂直，且与其他侧面平行。在计算前必须首先确定底面的面积，再乘以高，就得到立体的体积。

　　圆锥体与方锥体（例如底面为三角形或者四边形）的体积等于底面积与高度的乘积的三分之一。

　　注意，在每个直角三角形中，两条短边分别自乘并将乘积相加，等于长边自乘的积。

　　证明如下：我们作一个边角相等的正四边形 ABCD，在边 AC 上去点 H，使其平分 AC，从 H 点作一条平行线到点 R。同样，我们在边 AB 上取点 T 为 AB 中点，从点 T 作平行线到点 G。这样正四边形 ABCD 被分为四个边角相等的小正四边形，且它们的面积相等，即正方形 AK、CK、BK 与 DK。现在我们作点 H 到点 T 的连线，它将正方形 AK 分为两个相等的部分，即三角形 ATH 与三角形 HKT。我们知道 AT 为 AB 的一半，且与 AC 的一半 AH 相等，再加上 TH 就构成了直角三角形，同样我们连接 TR、RG 以及 GH，那么整个正方形中出现了八个相等的三角形，并且其中的四个相加必然为大正方形 AD 面积的一

---

① 　直径为 d 的圆的面积是 $\pi \dfrac{d^2}{4} = \dfrac{22}{7 \times 4} d^2 = \left(1 - \dfrac{1}{7} - \dfrac{1}{2 \times 7}\right) d^2$

半。我们知道 AT 自乘的积相当于三角形面积的二倍，而且 AH 自乘的面积等于两个三角形的面积，它们的和相当于四个三角形，而 HT 自乘的积同样与四个三角形的面积相等。我们注意到，AT 自乘与 AH 自乘积的和等于 TH 自乘的积，这就是我们想要证明的结论，如图 2-8：

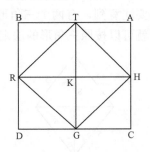

图 2-8

四边形有五种：第一种，边长相等，角为直角；第二种，边长不等，角为直角，长比宽长；第三种，菱形，边长相等，角不相等；第四种，偏菱形，长宽不等，角不相等，除此之外两条长边和两条短边分别相等；第五种，边与角都不相等。

第一种，任意具有相同的边和角的四边形，或者具有直角但边长不等的四边形的面积，都可以通过长和宽的乘积来得到。例如，一块正方形的土地，每边长都是五码，它的面积为二十五平方码，如图 2-9：

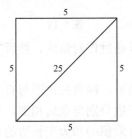

图 2-9

第二种，一块四边形的土地，两条长边每条为八码，而宽为六码，可以通过六乘以八得到它的面积，即四十八平方码，如图 2-10：

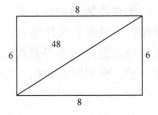

图 2-10

　　第三种，菱形——它的边长相等，令每边长为五，其中一条对角线为八，另一条为六，那么可以借助任一条对角线来计算面积，也可以两条都用到。如果知道两条对角线的长度，用其中的一条乘以另一条的一半，乘积即为面积。就是说，用八乘以三或者六乘以四，得到二十四平方码，即为面积。如果仅知道其中的一条对角线的长度，那么要注意到，有两个三角形，每个的两条边长均是五，第三条边长是对角线，这样就可以按照三角形的法则①来计算了，如图 2-11：

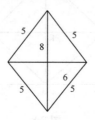

图 2-11

　　第四种，偏菱形，可以用计算菱形面积一样的方法来计算，如图 2-12：

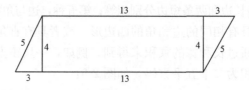

图 2-12

　　其他的四边形的面积可以通过作对角线，然后按照计算三角形面积的方法来计算它们的面积。

　　三角形有三种，锐角三角形，钝角三角形与直角三角形。直角三角形的不同之处在于，如果将它的两条短边分别自乘后相加，其和等于长边自乘的积；锐角三角形的特点是两条短边的自乘积的和大于长边的自乘积；而钝角三角形的定义是两条短边的自乘积的和小于长边的自乘积。

　　直角三角形有两条直角边与一条斜边，它可以被视为矩形的一半，将它的直角边中的一条乘以另一条直角边的一半，即为三角形的面积。

　　例子——直角三角形，一条直角边为六码，另一条边为八码，斜边为十码。用六乘以四得到二十四即为面积。或者如果你愿意，可以通过垂直于直角三角形最长边的高来计算面积。因为两条直角边本身就可以被视为两条高，如果你想，也可以用高乘以底边长度的一半，乘积即为面积。如图 2-13：

---

① 　如果两条对角线是 d 与 d'，且边长为 s，那么菱形的面积是 $\dfrac{dd'}{2} = d \times \sqrt{s^2 - \dfrac{d^2}{4}}$

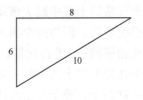

图 2-13

第二种——锐角三角形，每条边长为十码，它的面积可以由表示高的线段和高的出发点来确定 ①。注意，在每个等腰三角形中，从两条相等边的交点向底边作表示高的直线，它会与底边形成直角，而且它与底边的交点必为底边中点；与之相反的，如果三角形的两边不等，则这点不会在底边的中点处。在本题目中，对于我们来说，以任意一条边为底边作表示高的直线，它都应该与底边相交于底边的中点，且底边长的一半为五，这样，高就可以确定了。将五自乘，然后将两条边中的一条（边长为十）自乘，得一百；再从该乘积中减去五与五自乘的积，即二十五，余下七十五。它的根即为高。这条高是两个直角三角形的公共边。如果想求这个三角形的面积，将七十五的平方根与底边的一半，即五相乘。要先将五自乘，然后将七十五的平方根乘以二十五的平方根，七十五乘以二十五等于一千八百七十五，再取它的根，即为面积：四十三加上一个小数 ②，如图 2-14：

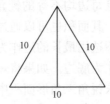

图 2-14

还有边长不等的锐角三角形，它们的面积也可由代表高的直线与高的出发点来得到。例如，一个三角形，一边十五码，另一边十四码，第三边十三码，为了确定代表高的直线出发的点，可以选择任何一条边作为底边，比如选择长为十四码的边，表示高的直线的出发的点就在底边上，但和其他两边的距离未知。我们来试着找出它和边长为十三的边的距离。将这个距离自乘，它是一个［未知的］平方，用十三乘以十三减去它，余下一百六十九减去平方，高即为它的平方根。而底边剩余的部分是十四减去未知数，我们将其自乘，得到一百九十六加上平方

---

① 边长为 10 的等边三角形的高是 $\sqrt{10^2-5^2}=\sqrt{75}$，而且这个三角形的面积是 $5\sqrt{75}=25\sqrt{3}$ 高的出发点原意指石头的落点，相当于现在的垂足。

② 根是 43.3＋

减去二十八倍的未知数。从十五乘以十五中减去该结果，余下二十九加上二十八倍未知数减去平方，它的根就是高。因为这个根是高，而一百六十九减去平方的根也是高，所以它们两个是相等的[1]。进行化简，因为两个平方都是负的，因此可以将它们对消，余下二十九加上二十八倍的未知数等于一百六十九。在从一百六十九中减去二十九，得一百四十，等于二十八倍未知数。因此，未知数等于五。这就是点到长为十三的边的距离。底边上的另一段，即到另一边的距离为九。现在为了求得高，即将五自乘，再从邻边，即十三的自乘积中减去它，余一百四十四，它的根就是高，为十二。高与底边构成两个直角，由于它和底边垂直，因此被称为垂线。用高乘以底边的一半，即七，积为八十四，这就是面积。见图 2-15：

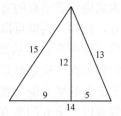

图 2-15

　　第三类是具有一个钝角，且每边均不等的钝角三角形。例如，一边长为六，另一边长为五，第三边长为九。其面积也可以通过代表高的直线与高的出发点得到。在这样的三角形中，如果不选用最长的边作为底边，那么高的出发点就不会落在三角形上，故将最长的边作为底边。如果将短边中的一条作为底边，那么这点就会在三角形之外。然后用求锐角三角形面积中说明的方法，就可以求得点到两边的距离以及高，整个计算过程都是一致的，如图 2-16：

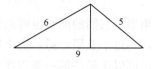

图 2-16

　　上文中我们已经详细处理了圆的性质及其计算，以下是一个例子：如果一个圆，直径为七，周长为二十二，它的面积可以通过下面的方法求得：用圆直径的一半，即三又二分之一，乘以周长的一半，即十一，乘积为三十八又二分之一，即为面积。或者也可以将圆的直径，即七自乘，得四十九，从其中减去它的七分之一，再减去它的七分之一的一半，即共减去十又二分之一，余下三十八又二分

---

①　$\sqrt{169}-x^2=29+28x-x^2$；$169=29+28x$；$140=28x$；$5=x$

之一，即为面积。如图 2-17：

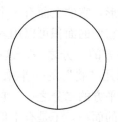

图 2-17

如果想求四棱台的体积，它的底面积为四乘以四平方码，高为十码，上截面为二乘以二平方码。我们知道，四棱锥从下自上逐渐收缩（为一点），它的体积为底面积的三分之一乘以高。此题目中的四棱台为缺少顶部的四棱锥，因此我们必须先确定完整的四棱锥的高。我们注意到，整个高与已知的十所成的比例等于四与二的比，由于二是四的一半，因此十也一定是整个高的一半，那么整个棱锥的高为二十。现在我们取底面积的三分之一，即五又三分之一，乘以高，即二十，乘积为一百零六又三分之二平方码。然后再减去我们增加的用以使棱锥完整的那个部分，其体积为一又三分之一，即二与二乘积的三分之一再乘以十，即十三又三分之一，这就是我们增加的那个使棱锥完整部分的体积。从一百零六又三分之二中减去它，余下九十三又三分之一，它即为四棱台的体积，如图 2-18：

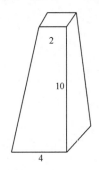

2

10

4

图 2-18

如果柱体的底面是圆形，那么从圆的直径的自乘积中减去它的七分之一，再减去它的七分之一的一半，余者即为底面的面积。

如果有人说："有一块三角形的土地，其中两边各长十码，底边为十二码，那么这个三角形的内接正方形的边长是多少？"解法是：首先要确定三角形的高，将底边的一半（即六）自乘，得到三十六，再取两条短边中的一条自乘，得到一百，从其中减去三十六得到六十四，取其根，得八。这即是三角形的高，它的面积为四十八平方码，是三角形的高乘以底边的一半，即六与高的乘积。现在设所求得正方形的边长为"物"，将其自乘，得到一个平方，先把它记下来。我们知道正方形的两侧必有两个三角形，它的上面有一个三角形。两侧的三角形相等且为具有相同高的直角三角形。它们的面积可以用六减去"物"的二分之一再乘以"物"，即六倍的"物"减去平方的二分之一，这是两侧的两个三角形的面积之和，上面的三角形的面积可以用"物"的一半乘以八减去"物"的差，即它的高。乘积为四倍的"物"减去平方的二分之一，它们的面积加在一起，即正方形加上三个三角形等于大三角形的面积，于是有十倍的"物"等于四十八，即大三角形的面积，由此可知"物"等于四又五分之四，这是正方形任一边的长，如图 2-19：

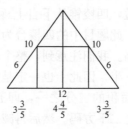

图 2-19

遗 产 问 题

遗 产 与 借 贷

"一个人去世后，留下两个儿子，并将总财产的三分之一赠给一个陌生人，他留下了十迪拉姆的遗产，并要求这十迪拉姆只分给其中的一个儿子。"

算法是：设［另外］一个儿子欠父亲的债务为"物"，然后将其加到遗产，即十迪拉姆上，得到十加上"物"。从其中减去它的三分之一，因为他将财产的三分之一，即三又三分之一加上"物"的三分之一赠给了别人，余下六又三分之二加上"物"的三分之二，平分给他的两个儿子，每份为三又三分之一加上"物"的三分之一，它等于所求的"物"①。进行化简，用"物"的三分之一对消另一个"物"的三分之一，余下"物"的三分之二等于三又三分之一。为使"物"完整，在其上加上它的一半，相应地，也要在三又三分之一上加上它的一半，得到五，这个"物"就是被扣除的债务。

如果他留下两个儿子和十迪拉姆的遗产，并要求其中的一个儿子不能享用遗产。他将财产的五分之一加上一迪拉姆赠给了陌生人。算法是：令要扣除（即儿子欠父亲）的债务为"物"，将它加到遗产上得到十加上"物"，根据遗嘱，从中减去它的五分之一，即二加"物"的五分之一，余下八加上"物"的五分之四，再减去他赠出的一迪拉姆，得到七加上"物"的五分之四，将其在两个儿子中平分，每人得到三又二分之一加上"物"的五分之二，它等于一个"物"②。化简，在"物"中消去"物"的五分之二，得到"物"的五分之三等于三又二分之一。

---

① 如果父亲去世后，留下 n 个儿子，其中一个儿子欠父亲的钱数超过了父亲遗产的 n 分之一。在支付了遗赠之后，这个儿子保有了他欠父亲的全部欠款，在其中减去它在遗产中应该占有的份额，余下的部分相当于父亲赠给他的财产。

在这个例子中，令每个儿子占有的遗产份额为 x

$$\frac{2}{3}[10+x]=2x; \ 10+x=3x; \ 10=2x; \ \therefore x=5$$

陌生人得到 5，那个没有欠父亲钱的人也得到 5

② $\frac{4}{5}[10+x]-1=2x; \ \therefore \frac{2}{5}[10+x]-\frac{1}{2}=x; \ \therefore 3\frac{1}{2}=\frac{3}{5}x \therefore x=\frac{35}{6}=5\frac{5}{6}$

陌生人得到 $\frac{1}{5}[10+\frac{35}{6}]+1=4\frac{1}{6}$

再加上"物"的三分之二使得"物"完整，同样也要在三又二分之一上加上它的三分之二，和为五又六分之五，这就是"物"，即扣除的债务。

如果他留下三个儿子和十迪拉姆的遗产，将总财产中的五分之一减去一迪拉姆赠给别人，并且要求他的一个儿子不能享用遗产。算法是：令扣除的债务的数目为"物"，将它加到遗产上得到十加上"物"，根据遗嘱，从中减去它的五分之一，即二加"物"的五分之一，余下八加上"物"的五分之四，再加上一迪拉姆，因为他说"减去一迪拉姆"，得到九加上"物"的五分之四，在三人中平分，每人得到三加上"物"的五分之一再加上它的十五分之一，等于"物"①。从"物"中减去它的五分之一再减去它的十五分之一，就有"物"的十五分之十一等于三。为了使得"物"完整，需要加上"物"的十一分之四，同时也要对数字三这样处理，即加上一又十一分之一。因此就有"物"等于四又十一分之一。它就是被扣除的债务。

其他类型遗产问题之一

"一个人去世后，留下他的母亲、妻子和同胞的两个兄弟和两个姐妹，他将遗产的九分之一赠给了陌生人"。

算法是②：为了确定各人的份额，将遗产的九分之八分为四十八份。已知如果拿走任何财产的九分之一，都会剩下九分之八，在九分之八上加上它的八分之一，可以使得财产完整，同时也要在四十八上加上它的八分之一，这样得到五十四。因此得到馈赠的人得到了六，余下的四十八就可以按照法律规定的继承比例在继承人中分配。

如果题目是："一名女子去世，留下她的丈夫、一个儿子还有三个女儿。并

---

① $\dfrac{4}{5}(10+x)+1=9+\dfrac{4}{5}x$，$\dfrac{9+\dfrac{4}{5}x}{3}=3+\dfrac{4}{15}x=3+\dfrac{x}{5}+\dfrac{x}{15}=x$，$\dfrac{11}{15}x=3$，$\dfrac{11}{15}x\cdot$

$\left(1+\dfrac{4}{11}\right)=3\cdot\left(1+\dfrac{4}{11}\right)$，$\therefore x=3+1\dfrac{1}{11}=4\dfrac{1}{11}$

② 这样类型的问题在后文中也会出现。遗孀有权得到（遗产的）$\dfrac{1}{8}$，母亲有权得到其中的

$\dfrac{1}{6}$，$\dfrac{1}{8}+\dfrac{1}{6}=\dfrac{14}{48}$。遗产中剩余的$\dfrac{34}{48}$在两兄弟与两姐妹之间分配，也就是说，在一个兄弟

和一个姐妹之间分配$\dfrac{17}{48}$，但是在这道题目的解题步骤中并没有说明在兄妹中应该按照什

么比例来分配这17份。

设立遗嘱人得全部财产为1，扣除遗赠后剩余的遗产的四十八分之一为x

$\dfrac{8}{9}=48x$；$\therefore\dfrac{1}{9}=6x$；$\therefore\dfrac{1}{54}=x$

因此，剩余遗产的四十八之一等于全部遗产的$\dfrac{1}{54}$

将遗产的八分之一与七分之一的和赠给了陌生人。"为了确定继承人的份额，要将剩余的遗产分为二十份[①]。从遗产中减去它的八分之一与七分之一的和，余下的即为遗产总数中减去它的八分之一再减去它的七分之一。为了使遗产完整，可以在其上加上它的四十一分之十五。用遗产的份数，即二十乘以四十一，得到八百二十，将它的四十一分之十五，即三百与自身相加，和为一千一百二十。接受馈赠的人得到了它的八分之一与七分之一的和。它的七分之一为一百六十，八分之一为一百四十，被减去之后余下八百二十，这些为继承人所有，可以按照法律规定的比例［分配］。

其他类型遗产问题[②]之二

如果继承人中有些人没有被征收费用[③]，而其他人被征收了一定的费用；遗赠总计超过了遗产的三分之一。必须知道的是，针对这种情况，法律规定，如果对其中的一个继承人征收的费用超过遗赠的三分之一，这从他占有的份额中支出，但是那些没有被征收费用的继承者也必须支付三分之一。

例子："一名女子去世后，留下她的丈夫、一个儿子与她的母亲。她赠予一个人一笔指定的财产的五分之二，赠予另一个人那笔财产的四分之一。她指定了这两笔遗赠由儿子支付，同时指定母亲支付［剩余的遗产中母亲份额］的一半，她没有指定丈夫支付费用，但是他必须缴纳［所继承的］遗产的三分之一，（根

---

① 丈夫有权得到（支付遗赠后）剩余遗产的 $\frac{1}{4}$，儿子和女儿则按照一定的比例分得剩余遗产的 $\frac{3}{4}$，且儿子得到的份额是女儿的两倍。在这道题目中，有三个女儿和一个儿子，每个女儿得到 $\frac{3}{4}$ 的 $\frac{1}{5}$，即 $\frac{3}{20}$，而儿子得到 $\frac{6}{20}$，因为陌生人得到遗产的 $\frac{1}{8}+\frac{1}{7}=\frac{15}{56}$，剩余遗产为 $\frac{41}{56}$，它的 $\frac{1}{20}$ 为遗产的 $\frac{1}{20}\times\frac{41}{56}=\frac{41}{1120}$，因此陌生人得到遗产的

$$\frac{15}{56}=\frac{15\times20}{56\times20}=\frac{300}{1120}$$

② 这一章的题目可能被视为更应该归为法律问题而不是代数问题。因为在这些复杂情况下，书中也没有对其中包含的相关的继承法内容多做说明。

③ 按照立遗嘱人的意愿，如果有些继承人需要承担支付遗赠，而其他人不需要承担遗赠。如果遗赠超过立遗嘱人总财产的三分之一，而且如果其中一个继承人要承担超过遗赠的三分之一，那么无论这个继承人有权继承（扣除遗赠后）剩余遗产中的多少份额，他都必须支付需要他支付的那部分遗赠。而那些立遗嘱人没有指定承担遗赠的继承人，每人也必须缴纳他们继承剩余遗产份额中的三分之一，用来支付遗赠。

据法律，这是必须的)①。"算法：确立继承人的份额，将遗产分为十二份，儿子得到七份，丈夫得到三份，母亲得到二份。你知道丈夫必须放弃他所得的份额的三分之一，因此他留下的部分是从他的遗产份额中支出的部分的两倍。因为他得到了三份，但其中的一份用来支付费用，他自己可以留下两份。因为将［赠给他人的］两份遗产都由儿子支付，所以必须从他的份额中减去遗赠给他人的五分之二与四分之一，将遗产分为二十份，这样他仅保留了他原来份额的二十分之七。母亲留下的份额与支付的份额相等，即一份（即十二分之一），她总共得到了两份。

现在求其总和。它（遗产）的四分之一被分成三份，或者说它的六分之一又被取半，再被二十所除。这份财产为二百四十。母亲得到了它的六分之一，即四十，其中的二十用来支付费用；丈夫得到了它的四分之一，即六十，其中二十用来支付费用，自己余下四十；剩下的一百四十属于儿子，他需要付出这其中五分之二与四分之一的和，即九十一，因此自己留下四十九，付出的总数为一百三十一。这些钱在两个受赠人间分配，受赠五分之二的人得到它的十三分之八，而得到四分之一的人得到它的十三分之五。如果想明确说出两个受赠人得到的份额，只需将遗产数乘以十三，得到三千一百二十，在其中进行分配。

但是如果她指定儿子支付接受遗赠财产五分之二的人那五分之二，而不需要支付其他人的费用；指定母亲支付接受遗赠四分之一的人的那四分之一，也无需支付其他人的费用，丈夫除去要付出三分之一（根据法律必须支付）而不需要再承担两个被遗赠人的任何费用。那么你要知道，这三分之一是两个受赠人的利

---

① 如果这道题目中所说的遗赠由继承人分别承担，丈夫有权得到剩余遗产的 $\frac{1}{4}$，母亲有权得到 $\frac{1}{6}$，$\frac{1}{4}+\frac{1}{6}=\frac{5}{12}$，剩余的 $\frac{7}{12}$ 是儿子得到的剩余遗产中的份额。但因为遗赠了财产的 $\frac{2}{5}+\frac{1}{4}=\frac{13}{20}$，由儿子与母亲承担，而法律规定了丈夫所要缴纳的份额。丈夫付出 $\frac{1}{4}\times\frac{1}{3}=20\times\frac{1}{240}$，剩余 $\frac{1}{4}\times\frac{2}{3}=40\times\frac{1}{240}$

母亲付出 $\frac{1}{6}\times\frac{1}{2}=20\times\frac{1}{240}$，剩余 $\frac{1}{6}\times\frac{1}{2}=20\times\frac{1}{240}$

儿子付出 $\frac{7}{12}\times\frac{13}{20}=91\times\frac{1}{240}$，剩余 $\frac{7}{12}\times\frac{7}{20}=49\times\frac{1}{240}$

总共付出 $=\frac{131}{240}$　　　总共剩余 $=\frac{109}{240}$

$$\frac{2}{5}+\frac{1}{4}=\frac{8}{20}+\frac{5}{20}=\frac{13}{20}$$

得到 $\frac{2}{5}$ 的受赠者，得到 $\frac{8}{13}\times\frac{131}{240}=\frac{8\times131}{3120}$

得到 $\frac{1}{4}$ 的受赠者，得到 $\frac{5}{13}\times\frac{131}{240}=\frac{5\times131}{3120}$

益。接受遗赠五分之二的受赠者会从中获得十三分之八，而接受四分之一的受赠者会得到十三分之五。像我在上文中说明过的那样设定份额。将遗产分为十二份，丈夫得到其中的四分之一，母亲得到六分之一，余下的为儿子所有[1]。算法是：你知道，丈夫必须放弃他的份额（三份）中的三分之一，母亲也同样要放弃根据遗赠分配的比例每个受赠人所享有的遗赠的三分之一。除此之外，她还必须承担指定由她支付的接受遗赠四分之一的受赠者那四分之一，相当于四分之一与那三分之一中他所占的比例的差，即她的全部份额的一百五十六分之十九。设她的份额为一百五十六份，那么在她的份额的三分之一中他所占比例为二十份。但是她必须给他全部份额的四分之一，即三十九份，她的份额的三分之一由两个受赠者分享。此外，那十九份由她单独支付给他。儿子要给接受五分之二遗赠的人自己份额的五分之二与那个人在三分之一中所占的比例的差，即他（儿子）的全部份额的一百九十五分之三十八。除此之外，那三分之一是有两个受赠人分享的，从中受赠人得到的比例为它的十三分之八，即四十份（一百九十五分之四十）。而儿子从他的份额中支付受赠五分之二的人三十八份（一百九十五分之三十八），两者相加为七十八。因此，儿子从自己的份额中拿出三分之一，即六十五份支付给两个受赠人，另外他还要拿出三十八份给指定的那个人，如果你想清楚地说明继承人的份额，可以将其分成二十一万七千六百二十份。

其他类型遗产问题之三

"一个人去世后，留下四个儿子和他的妻子，他遗赠给一个人的相当于其中

---

[1] $\dfrac{2}{5} + \dfrac{1}{4} = \dfrac{8}{20} + \dfrac{5}{20} = \dfrac{13}{20}$

丈夫有权得到剩余遗产的 $\dfrac{1}{4}$，而没有被立遗嘱人指定承担遗赠

母亲有权得到剩余遗产的 $\dfrac{1}{6}$，并且要承担给受赠者 A 的 $\dfrac{1}{4}$

儿子有权得到剩余遗产的 $\dfrac{7}{12}$，并且要承担给受赠者 B 的 $\dfrac{2}{5}$

丈夫付出 $\dfrac{1}{4} \times \dfrac{1}{3} = 780 \times \dfrac{1}{9360}$，剩余 $\dfrac{1}{4} \times \dfrac{2}{3} = \dfrac{1560}{9360}$

母亲付出 $\dfrac{1}{6} \left[\dfrac{1}{4} + \dfrac{8}{13} \times \dfrac{1}{3} \right] = 710 \times \dfrac{1}{9360}$，剩余 $\dfrac{850}{9360}$

儿子付出 $\dfrac{7}{12} \left[\dfrac{2}{5} + \dfrac{5}{13} \times \dfrac{1}{3} \right] = 2884 \times \dfrac{1}{9360}$，剩余 $\dfrac{2576}{9360}$

总共付出 $= \dfrac{4374}{9360}$，总共剩余 $\dfrac{4986}{9360}$

被遗赠 $\dfrac{1}{4}$ 的受赠者 A 得到 $\dfrac{1}{4} \times \dfrac{1}{3} \times \dfrac{5}{13} + \dfrac{1}{6} \times \dfrac{1}{4} + \dfrac{7}{12} \times \dfrac{1}{3} \times \dfrac{5}{13} = \dfrac{1390}{9360} = \dfrac{32317.5}{217620}$

被遗赠 $\dfrac{2}{5}$ 的受赠者 B 得到 $\dfrac{1}{4} \times \dfrac{1}{3} \times \dfrac{8}{13} + \dfrac{1}{6} \times \dfrac{1}{3} \times \dfrac{8}{13} + \dfrac{7}{12} \times \dfrac{2}{5} = \dfrac{2984}{9360} = \dfrac{69378}{217620}$

一个儿子的份额减去他的遗孀的份额"。将遗产分为三十二份，遗孀得到八分之一①，即四份。每个儿子得到七份，那么接受遗赠的人一定会得到儿子的份额的七分之三。将儿子份额的七分之三，即三份与遗产相加，得到三十五份，这其中受赠人得到三份，剩余的三十二份由他的继承人按法定的比例分配。

　　如果他留下两个儿子和一个女儿②，给某人的遗赠相当于如果他有三个儿子的情况下第三个儿子所得的份额。那么你必须考虑在他有三个儿子的情况下每个儿子的份额，假设为七。设定一个数可以表示全部遗产，它的五分之一可以分成七份，它的七分之一可以分成五份，则这个数为三十五。将它与它的七分之二，即十相加，得到四十五。这样被赠人得到十，每个儿子得到十四，女儿得到七。

　　如果他留下［孩子的］母亲和三子一女，给某人的遗赠相当于儿子的份额与再有一个女儿的情况下第二个女儿的份额的差，那么你将遗产所分的份数应该满足既能够在真实情况下的继承人中分配，又能在加上第二个女儿的情况下分配③。这样的数是三百三十六，如果有第二个女儿的话，则她的份额是三十五，而儿子

---

① 遗孀有权得到剩余遗产的 $\frac{1}{8}$，那么剩余遗产的 $\frac{7}{8}$ 将在立遗嘱人的儿子们中分配。

令 x 为陌生人得到的遗赠，遗孀的份额是 $\frac{1-x}{8}$，每个儿子的份额是 $\frac{1}{4} \times \frac{7}{8}[1-x]$，儿子的份额减去遗孀的份额 $[\frac{7}{4}-1]\frac{1-x}{8}=\frac{3}{4}\cdot\frac{1-x}{8}$，$\therefore x=\frac{3}{4}\cdot\frac{1-x}{8}$，$\therefore x=\frac{3}{35}$，$1-x=\frac{32}{35}$，儿子的份额是 $\frac{7}{35}$，遗孀的份额是 $\frac{4}{35}$

② 儿子有权得到的遗产是女儿所得的两倍，假设有三个儿子一个女儿，则每个儿子会得到剩余遗产的 $\frac{2}{7}$，令 x 为给陌生人的遗赠 $\therefore \frac{2}{7}[1-x]=x$，$x=\frac{2}{9}$ 且 $1-x=\frac{7}{9}$

每个儿子的份额 $\frac{2}{5}[1-x]=\frac{2}{5}\times\frac{7}{9}=\frac{14}{45}$

女儿的份额 $\frac{1}{5}[1-x]=\frac{1}{5}\times\frac{7}{9}=\frac{7}{45}$

给陌生人的遗赠 $\frac{2}{9}=\frac{10}{45}$

③ 令 x 为陌生人得到的遗赠，则 $1-x$ 为剩余遗产，遗孀在剩余遗产中所占的份额为 $\frac{1}{6}$，剩余的 $\frac{5}{6}[1-x]$ 将在子女中分配，因为他有三个儿子和一个女儿，则儿子的份额是 $\frac{2}{7}\times\frac{5}{6}[1-x]$；如果他有三个儿子和两个女儿，则女儿的份额将是 $\frac{1}{8}\times\frac{5}{6}[1-x]$，两者的差是 $\frac{9}{56}\times\frac{5}{6}[1-x]$，$\therefore x=\frac{45}{336}[1-x]$，$\therefore x=\frac{45}{381}$，$1-x=\frac{336}{381}$。

$\therefore$ 遗孀的份额是 $\frac{56}{381}$，女儿的份额是 $\frac{40}{381}$。

的份额是八十。它们的差是四十五。将它加上三百三十六，得到三百八十一。这就是整个遗产被分成的份数。

如果他留下三个儿子，并给某人的遗赠相当于一个儿子的份额减去如果再有一个女儿的情况下女儿所得的份额，加上这三分之一中所余下的三分之一。算法如下[①]：将遗产划分的份数要既能在真实的继承人中分配，又能在加上一个女儿的情况下分配，这样的数字是二十一。如果继承人中有一个女儿，她的份额是三，而（真实情况下）每个儿子的份额是七。那么立遗嘱人遗赠给该人一个儿子的份额的七分之四加上三分之一中所剩余的三分之一。取定（遗产的）三分之一，从中减去儿子份额的七分之四，差为三分之一减去儿子份额的七分之四。再减去三分之一中剩余部分的三分之一，即遗产的九分之一减去儿子份额的七分之一与七分之一的三分之一的和。差为遗产的九分之二减去儿子份额的七分之二与七分之一的三分之二的和。将其加到遗产的三分之二上，和为遗产的九分之八减去儿子份额的七分之一的三分之二与七分之二的和，即遗产的九分之八减去二十一分之八倍儿子份额，等于三倍儿子的份额。进行化简就会得到遗产的九分之八等于加上三又二十一分之八倍的份额。为了使得遗产完整（即系数为一），在遗产的九分之八上加上它的八分之一，同时也要按照相同的比例加到份额上。这样就有财产等于三倍份额加上份额的五十六分之四十五。现在将每份份额分为五十六份，则整个遗产有二百一十三份，第一份遗赠为三十二，第二份遗赠为十

---

① 因为他有三个儿子，每个儿子在剩余遗产中所占的份额为 $\frac{1}{3}$，假设他有三个儿子和一个

女儿，那么女儿的份额是 $\frac{1}{7}$

$$\frac{1}{3} - \frac{1}{7} = \frac{4}{7} \times \frac{1}{3}$$

令 x 为给陌生人的遗赠，而 v 是儿子的份额

那么 $1 - x = 3v$

但 $x = \frac{4}{7}v + \frac{1}{3}\left[\frac{1}{3} - \frac{4}{7}v\right]$,

且 $1 - x = \frac{2}{3} + \frac{1}{3} - \frac{4}{7}v - \frac{1}{3}\left[\frac{1}{3} - \frac{4}{7}v\right] = 3v$

∴ $\frac{2}{3} + \frac{2}{3}\left[\frac{1}{3} - \frac{4}{7}v\right] = 3v$

∴ $\frac{2}{3} + \frac{2}{9} = 3\frac{8}{21}v$ 或者 $\frac{8}{9} = \frac{71}{21}v$

∴ $\frac{8}{3} = \frac{71}{7}v$ ∴ $v = \frac{56}{213}$ = 一个儿子的份额

∴ $x = \frac{45}{213}$ = 给陌生人的遗赠

三，剩余一百六十八，每个儿子分有五十六份。

其他类型遗产问题之四

"一个女人去世后，留下她的女儿、母亲和丈夫。她给某人的遗赠相当于她母亲的份额，遗赠给另一人她全部遗产的九分之一。"[①] 算法是：先将遗产分为十三份，她的母亲得到其中的两份。已知遗赠相当于在总遗产中减去两份与全部遗产的九分之一的和，剩余遗产的九分之八减去两份，在继承人中分配这些遗产。为了使得遗产完整，就是使得财产的九分之八减去两份等于十三份。在其上加上二份，得到遗产的九分之八等于十五份。然后在遗产的九分之八上加上其八分之一，同样也要在十五份上加上它的八分之一，即一又八分之七份。这样就得到十六又八分之七份。受赠遗产九分之一的人得到了它的九分之一，即一又八分之七份。而另一受赠人，即得到与母亲份额相等的人得到两份，剩余的十三份在继承人中按照法定比例分配。如果想确定各人的份数，最好将遗产分为一百三十五份。

"如果她赠给一个人与丈夫份额相同的遗产，而赠送给另一人全部遗产的十分之一加上八分之一。"[②] 那么应该先将遗产分为十三份，在其上加上丈夫的份额，即三份，得到十六份。这就是减去八分之一与十分之一的和，即四十分之九之后遗产中所剩的部分。遗产中减去其八分之一再减去十分之一，余下其四十分之三十一，等于十六份。为了使得遗产完整，在其上加上它的三十一分之九，然后用十六乘以三十一，得到四百九十六，在其上再加上它的三十一分之九，即一百四十四和为六百四十。从其中减去它的八分之一与十分之一的和，即一百四十四，以及与丈夫所得相同的份额，即九十三，剩余四百零三，这其中丈夫得到九十三份，母亲得到六十二份，每个女儿得到一百二十四份。

"如果继承者相同[③]，而她遗赠给一个人的财产相当于丈夫的份额减去扣除

[①] 在前面的例子中（P. 76）

当继承人中包括丈夫和母亲，那么丈夫有权得到剩余遗产的 $\frac{1}{4}=\frac{3}{12}$，而且母亲有权得到它的 $\frac{1}{6}=\frac{2}{12}$，在这道题目中，说明丈夫有权得到剩余遗产的 $\frac{3}{13}$，而母亲得到 $\frac{2}{13}$。

令剩余遗产的 $\frac{1}{13}=v$，$1-\frac{1}{9}-2v=13v$，$\therefore \frac{8}{9}=15v$，$v=$遗产的 $\frac{8}{135}$，母亲的份额是 $\frac{16}{135}$。

[②] $\frac{1}{8}+\frac{1}{10}=\frac{9}{40}$，剩余遗产中丈夫的份额是 $\frac{3}{13}$，$\therefore 1-\frac{9}{40}-3v=13v$，$\therefore \frac{31}{40}=16v$，$v=\frac{31}{640}$，丈夫的份额是 $\frac{93}{640}$，给陌生人的遗赠是 $\frac{237}{640}$。

[③] $\frac{1}{9}+\frac{1}{10}=\frac{19}{90}$，$1-3v+\frac{19}{90}[1-3v]=13v$，$\therefore \frac{109}{90}=[13+\frac{109}{30}]v$，$v=\frac{109}{1497}$，丈夫的份额是 $\frac{327}{1497}$，给陌生人的遗赠是 $\frac{80}{1497}$。

该份额后剩余财产的九分之一与十分之一的和。"算法如下：将总遗产减去遗赠后剩下的部分分为十三份，全部遗产中被遗赠的有三份，扣除之后余下遗产减去三份。现将剩余部分的九分之一与十分之一的和加上，即全部遗产的九分之一与十分之一的和减去三份的九分之一与十分之一的和，或者说减去一份的三十分之十九，这使得遗产加上它的九分之一与十分之一的和减去三份再减去一份的三十分之十九等于十三份。将其化简，把与遗产相减的三份与一份的三十分之十九移项，加到十三倍的份额上，这样就有遗产加上它的九分之一与十分之一的和等于十六份加上一份的三十分之十九。为了化为一份遗产（使遗产的系数为一），从中减去其一百零九分之十九，这样余下的遗产等于十三份加上一份的一百零九分之八十。将每一份分为一百零九份，用十三乘以一百零九再加上八十，得到一千四百九十七份，丈夫得到其中的三百二十七份。

　　如果某人留下两个姐妹与妻子[①]，他遗赠给另一人的财产相当于姐妹的份额减去遗产中减去遗赠的份额后所剩余的八分之一。算法如下：考虑全部遗产由十二份构成，每个姐妹可以得到全部遗产减去遗赠后剩余财产的三分之一，即遗产减去遗赠的三分之一。注意到剩余遗产的八分之一加上遗赠等于一个姐妹所得的份额，而且剩余遗产的八分之一等于全部遗产的八分之一减去遗赠的八分之一，且全部遗产的八分之一减去遗赠的八分之一再加上遗赠等于一个姐妹的份额，即遗产的八分之一加上遗赠的八分之七。因此全部遗产等于它的八分之三加上三又八分之五乘以遗赠。从遗产中减去其八分之三，得到遗产的八分之五等于三又八分之五乘以遗赠，因此全部遗产等于遗赠的五又五分之四倍。所以，如果假设遗产为二十九份，则遗赠是五份，每个姐妹的份额为八。

其他类型遗产问题之五

　　"一个人去世后，留下四个儿子，并且遗赠给一个人其中一个儿子的份额，赠给另一人的份额相当于从遗产的三分之一中减去上述份额的四分之一。"注意

---

①　当继承人为妻子和两个姐妹的时候，她们每人继承剩余遗产的 $\frac{1}{3}$ 。

　　令 x 为给陌生人的遗赠， $\frac{1}{3}[1-x]=$ 一个姐妹的份额

　　$\frac{1}{3}[1-x]-\frac{1}{8}[1-x]=x$, $\therefore \frac{5}{24}[1-x]=x$, $\frac{5}{24}=\frac{29}{24}x$, $\therefore x=\frac{5}{29}$, $\therefore 1-x=\frac{24}{29}$,

　　而且一个姐妹的份额是 $\frac{8}{29}$

到这种遗赠属于在遗产的三分之一中扣除一部分的那一类[①]。算法：取遗产的三分之一，从中减去一个儿子的份额，差为遗产的三分之一减去份额，而后再从中减去三分之一中所剩余部分的四分之一，即财产的三分之一的四分之一减去份额的四分之一。剩余遗产的四分之一减去份额的四分之三，再加上遗产的三分之二，这样就有遗产的十二分之十一减去份额的四分之三等于四倍的份额。进行化简，将与遗产相减的份额的四分之三移项并加到四倍的份额上，就得到遗产的十二分之十一等于四又四分之三倍的份额。使得遗产完整，同时也要在四又四分之三倍的份额上加上它的十一分之一，这样就得到遗产等于五又十一分之二倍的份额。假设每份份额都是十一，那么全部遗产为五十七，它的三分之一为十九，从中减去一倍份额，即十一，剩余八。那个接受所余的四分之一的受赠人得到二，剩余的六倍加入其他三分之二，即三十八中，和为四十四，它被四个儿子平分，因此每个儿子得到十一。

如果他留下四个儿子，并且遗赠给一个人的财产相当于儿子的份额减去［遗产的］三分之一中去掉该份额后所剩余的五分之一，那么这样的遗赠问题也同样属于从三分之一中扣除一部分的那一类[②]。取［遗产的］三分之一，从中减去该份额，差为三分之一减去份额。然后按照题目中的要求运算，即三分之一的五分之一减去该份额的五分之一，就有三分之一与三分之一的五分之一的和，即五分之二，再减去该份额与它的五分之一，将它加到遗产的三分之二上，和为遗产加上遗产的五分之一的三分之一减去该份额与它的五分之一等于四倍的份额。进行化简，将一又五分之一倍的份额移项，加上四倍份额上，就得到遗产加上它的五分之一的三分之一等于五又五分之一倍的份额。将其化简为一倍遗产，即从中减

---

①　令第一份遗赠为 v，第二份为 y

　　则有 $1-v-y=4v$

　　即 $\frac{2}{3}+\frac{1}{3}-v-\frac{1}{4}\left[\frac{1}{3}-v\right]=4v$

　　$\therefore \frac{2}{3}+\frac{3}{4}\left[\frac{1}{3}-v\right]=4v,$

　　$\therefore \frac{2}{3}+\frac{3}{12}=\left[4+\frac{3}{4}\right]v,\ \frac{11}{12}=\frac{19}{4}v$

　　$\therefore v=\frac{11}{57}$，第二份遗赠是 $\frac{2}{57}$

②　$1-v+\frac{1}{5}\left[\frac{1}{3}-v\right]=4v$ 或者 $\frac{2}{3}\times\frac{1}{3}-v+\frac{1}{5}\left[\frac{1}{3}-v\right]=4v,$

　　$\frac{2}{3}+\frac{2}{5}=\left[4+\frac{6}{5}\right]v,\ \therefore \frac{16}{15}=\frac{26}{5}v$

　　$v=\frac{8}{39}$，给陌生人的遗赠是 $\frac{7}{39}$。

去它的八分之一的一半，即十六分之一。那么就有遗产等于四又八分之七倍的份额。假设全部遗产有三十九份，其中的三分之一为十三份，一份份额为八，从遗产的三分之一中减去该份额得到五，它的五分之一为一。从遗赠中按要求减去一，剩余七。从遗产的三分之一中减去它，剩余六，将其加到遗产的三分之二，即二十六上，和为三十二。这在四个儿子中均分，每人得到八。

　　如果他留下三个儿子和一个女儿①，给某人的遗赠相当于女儿的份额，赠给另一人遗产的七分之二减去给第一人的遗赠后，所剩的遗产的五分之一与六分之一的和。则这项遗赠要从遗产的七分之二中拿出，从七分之二中减去女儿的份额，差为遗产的七分之二减去女儿的份额，再从中减去第二份遗赠，即剩余遗产的五分之一与六分之一的和，得到遗产的七分之一加上七分之一的十五分之四的和减去份额的三十分之十九。将它加到遗产的另外七分之五上，就有遗产的七分之六与十五分之四的七分之一的和减去份额的三十分之十九等于七倍的份额。将其化简，将［份额的］三十分之十九移项，并加到七倍的份额上，这样有遗产的七分之六与十五分四的七分之一的和等于七又三十分之十九倍的份额。为使得遗产完整，将各项上加上各自的九十四分之十一，这样就有遗产等于八倍的份额加上份额的一百八十八分之九十九。假设全部遗产有一千六百零三份，女儿的份额是一百八十八。取遗产的七分之二，即四百五十八，从中减去该份额，即一百八十八，余下二百七十。再减去它的五分之一与六分之一的和，即九十九，差为一百七十一。然后加上遗产的七分之五，即一千一百四十五，和为一千三百一十六。它被分为七份，每份为一百八十八，这是女儿所得的遗产，儿子得到的是其两倍。

　　如果继承人是相同的，他给某人的遗赠相当于女儿的份额，给另一人得相当于全部遗产的五分之二减去该份额的差的四分之一与五分之一的和，以下为算法②：你要注意到，遗赠是由那五分之二决定的。取遗产的五分之二再减去该份额，差为遗产的五分之二减去份额。再从差中减去它的四分之一与五分之一的和，

---

① 因为他有三个儿子和一个女儿，所以女儿得到剩余遗产的 $\frac{1}{7}$ ，每个儿子得到它的 $\frac{2}{7}$ 。如果第一份遗赠是 v ，第二份遗赠是 y ，那么女儿的份额是 v 。$1-v-y=7v$

$\frac{1}{5}+\frac{1}{6}=\frac{11}{30}$ ，$\therefore \frac{5}{7}+\frac{2}{7}-v-\frac{11}{30}\left[\frac{2}{7}-v\right]=7v$ ，即 $\frac{5}{7}+\frac{19}{30}\left[\frac{2}{7}-v\right]=7v$ ，

$\therefore \frac{5}{7}+\frac{19}{15\times7}=\left[7+\frac{19}{30}\right]v$ ，$\therefore \frac{94}{7}=\frac{229}{2}v$ ，$v=\frac{188}{1603}$ ，第二份遗赠为 $y=\frac{99}{1603}$ 。

② $\frac{1}{4}+\frac{1}{5}=\frac{9}{20}$ ，令第一份遗赠 $=v=$ 女儿的份额，第二份遗赠 $=y$

$1-v-y=7v$ ，$\therefore \frac{3}{5}+\frac{2}{5}-v-\frac{9}{20}\left[\frac{2}{5}-v\right]=7v$ ，$\therefore \frac{3}{5}+\frac{11}{20}\left[\frac{2}{5}-v\right]=7v$

$\therefore \frac{3}{5}+\frac{11}{10\times5}=\left[7+\frac{11}{20}\right]v$ ，$\therefore \frac{41}{5}=\frac{151}{2}v$ ，$\therefore v=\frac{82}{755}$ ，第二份遗赠 $y=\frac{99}{755}$

即五分之二的二十分之九减去份额的二十分之九，得到的差为遗产的五分之一与它的五分之一的十分之一的和减去份额的二十分之十一。然后将遗产的五分之三加到其上，和为［遗产的］五分之四加上它的五分之一的十分之一的和减去份额的二十分之十一，等于份额的七倍。进行化简，将份额的二十分之十一移项并加到份额的七倍上，这样得到遗产的五分之四加上它的五分之一的十分之一等于七又二十分之十一倍的份额。为使遗产完整，在所有项上都加上其自身的四十一分之九，这样就得到遗产等于九又八十二分之十七倍的份额。假设每一份额都有八十二份组成，则全部遗产共有七百五十五份，它的五分之二为三百零二，从中减去女儿的份额为八十二，剩余二百二十，再从中减去它的五分之一与四分之一，即减去九十九，那么剩余一百二十一，将它加上遗产的五分之三，即四百五十三，就得到五百七十四。将其分为七份，每份为八十二，这是女儿的份额，儿子的份额是它的两倍。

如果继承人是相同的，且他赠给某人的相当于儿子的份额减去从遗产的五分之二中减去该份额的差的四分之一与五分之一的和，那么你可以看出遗赠也同样由这五分之二决定。因为每个儿子得到两倍［女儿的］份额，因此从其中减去该份额的两倍，差为遗产的五分之二减去两倍份额；再加上［按题意计算］所得到的，即［遗产的］五分之二的四分之一与五分之一的和，再减去［女儿的份额的］十分之九的差的四分之一与五分之一的和[①]，这样就有遗产的五分之二与它的五分之一的十分之九的和减去［女儿的］份额的两倍与它的十分之九。再加上遗产的五分之三，这样就有遗产加上它的五分之一的十分之九减去二又十分之九倍［女儿的］份额等于七倍该份额。进行化简，将二又十分之九倍的份额移项并加到七倍份额上，得到遗产加上它的五分之一的十分之九等于九又十分之九倍的［女儿的］份额。为将其化简为一倍的遗产，在各项中分别减去各自的五十九分之九，则得到遗产等于八又五十九分之二十三倍的该份额。假设将［女儿的］每一份额分为五十九份，那么整个遗产包括了四百九十五份，其中的五分之二是一百九十八份，从其中减去女儿的份额的两倍，即一百一十八份，余下八十份。再从其中减去要扣除的，即它的四分之一与五分之一的和，即三十六份。［从儿子的份额，即一百一十八份中］减去它，剩余的是受赠者得到的八十二份。从遗产包含的所有份数中减去八十二份，余下四百一十三份，将其分为七份，女儿得到［其中之一或者说］五十九份，每个儿子得到的是其两倍。

---

① 剩余遗产的 $\frac{1}{7} = v = $ 女儿的份额，$2v = $ 儿子的份额，$1 - 2v + \frac{9}{20}\left[\frac{2}{5} - 2v\right] = 7v$

即 $\frac{3}{5} + \frac{2}{5} - 2v + \frac{9}{20}\left[\frac{2}{5} - 2v\right] = 7v$，$\therefore \frac{3}{5} + \frac{29 \times 2}{20 \times 5} = \left[7 + \frac{29}{10}\right]v \therefore \frac{59}{5} = 99v$，$\therefore v = \frac{59}{495}$，

儿子的份额 $= \frac{118}{495}$，给陌生人的遗赠 $= \frac{82}{495}$

　　如果他留下的两子两女，给某人的遗赠相当于女儿的份额[①]减去从［遗产的］三分之一中减去该份额后所得的差的五分之一，赠给另一人的相当于女儿的份额减去［遗产的］三分之一中所余下的部分的三分之一，赠给第三个人全部遗产的六分之一的一半。那么你要注意到所有的遗赠都是由三分之一决定的。取遗产的三分之一，从中减去女儿的份额，差为遗产的三分之一减去该份额。再加上要得到的部分，即三分之一的五分之一减去该份额的五分之一，从而得到遗产的三分之一加上它的三分之一的五分之一减去一又五分之一倍的份额。然后再从差中减去第二个女儿的份额，剩余遗产的三分之一加上它的三分之一的五分之一减去二又五分之一倍的份额，加上要得到的，就有［遗产的］三分之一加上它的三分之一的五分之三减去份额的二又十五分之十四倍。然后再从中减去全部遗产的六分之一的一半，剩余遗产的六十分之二十七减去份额的十五分之十四。再加上遗产的三分之二。将被减去的份额移项并加到其他份额上，得到一又六十分之七倍的遗产等于八又十五分之十四倍的份额。将其化简为一倍的遗产，就要将各项减去各自的六十七分之七。令每一份额中包含二百零一份[②]，则全部遗产中包含一千六百零八份。

　　如果继承人是相同的，且他赠予一个人的遗产相当于女儿的份额加上［遗产的］三分之一减去该份额的差的五分之一，赠予另一人的遗产相当于女儿的份额

---

① 因为他有两个儿子和两个女儿，每个儿子得到剩余遗产的 $\frac{1}{3}$，每个女儿得到 $\frac{1}{6}$，

　令 $v=$ 女儿的份额；

　令第一份遗赠 $=x=v-\frac{1}{5}\left[\frac{1}{3}-v\right]$

　第二份遗赠 $=y=v-\frac{1}{3}\left[\frac{1}{3}-x-v\right]$

　第三份遗赠 $=\frac{1}{12}$

　$1-x-y-\frac{1}{12}=6v$，即 $\frac{2}{3}-\frac{1}{12}+\frac{1}{3}-x-v+\frac{1}{3}\left[\frac{1}{3}-x-v\right]=6v$，

　或 $\frac{2}{3}-\frac{1}{12}+\frac{4}{3}\left[\frac{1}{3}-x-v\right]=6v$，即 $\frac{7}{12}+\frac{4}{3}\left[\frac{1}{3}-v+\frac{1}{5}\left[\frac{1}{3}-v\right]-v\right]=6v$

　或 $\frac{7}{12}+\frac{4}{3}\left[\frac{6}{5}\left[\frac{1}{3}-v\right]-v\right]=6v$

　或 $\frac{7}{12}+\frac{8}{15}=\left[6+\frac{4\times11}{3\times5}\right]v=\frac{134}{15}v$

　或 $\frac{7}{4}+\frac{8}{5}=\frac{134}{5}v$ ∴ $v=\frac{67}{536}=\frac{1}{8}$

　第一份遗赠 $=x=\frac{1}{12}$

　第二份遗赠 $=y=\frac{1}{12}$

　儿子的份额 $=\frac{1}{4}$

② $\frac{201}{1608}=\frac{1}{8}=\frac{3}{24}=v$，且 $\frac{1}{12}=\frac{2}{24}=y$，公分母 1608 没有必要这样大。

加上［遗产的］四分之一减去该份额的三分之一。那么在计算中[1]，你必须注意到这两份遗赠是由遗产的四分之一与三分之一决定的。取遗产的三分之一，并从中减去该份额，差为遗产的三分之一减去份额，然后再减去差的五分之一，即遗产的三分之一的五分之一减去份额的五分之一，剩余遗产的三分之一的五分之四减去份额的五分之四。然后取遗产的四分之一，从中减去该份额，差为遗产的四分之一减去份额，再减去差的三分之一，剩余遗产的四分之一的三分之二减去份额的三分之二。将它加上遗产的三分之一中得到的差，和为遗产的六十分之二十六减去份额的一又六十分之二十八倍，再加上遗产减去它的三分之一与四分之一的和的差，即加上［遗产的］四分之一与六分之一的和，和为遗产的二十分之十七，将被减去的份额移项并加到其他份额上，它等于七又十五分之七倍的份额。为使遗产完整，在各项上加上各自的十七分之三，这样就有遗产等于八又一百五十三分之一百二十倍的份额。假设每一份额中包含一百五十三份，那么全部遗产中包含一千三百四十四份，从遗产的三分之一中减去一份份额所决定的遗赠为五十九，而从遗产的四分之一中减去一份份额所决定的遗赠为六十一。

如果他有六个儿子，给一个人的遗赠相当于一个儿子的份额加上［遗产的］四分之一减去份额的差的五分之一，给另一人遗赠的相当于另一个儿子的份额减去［遗产的］三分之一减去份额再减去第一份遗赠的差的四分之一。算法如下[2]：从遗产的四分之一中减去一份份额，差为四分之一减去份额，再减去差的五分之一，即遗产的十分之一的一半减去份额的五分之一；再回到［遗产的］三分之一，从中减去遗产的十分之一的一半与份额的五分之四，再减去另一份份额，那么差为［遗

---

[1]　令 x 是第一份遗赠，y 是第二份遗赠，v 是女儿的份额

$1-x-y=6v$ ，$x=v+\dfrac{1}{5}\left[\dfrac{1}{3}-v\right]$，$y=v+\dfrac{1}{3}\left[\dfrac{1}{4}-v\right]$

那么 $1-\dfrac{1}{3}-\dfrac{1}{4}+\dfrac{1}{3}-v-\dfrac{1}{5}\left[\dfrac{1}{3}-v\right]+\dfrac{1}{4}-v-\dfrac{1}{3}\left[\dfrac{1}{4}-v\right]=6v$

或者，$\dfrac{5}{12}+\dfrac{4}{5}\left[\dfrac{1}{3}-v\right]+\dfrac{2}{3}\left[\dfrac{1}{4}-v\right]=6v$，$\therefore\dfrac{5}{12}+\dfrac{4}{15}+\dfrac{2}{12}=\left[6+\dfrac{4}{5}+\dfrac{2}{3}\right]v$

$\therefore\dfrac{51}{60}=\dfrac{112}{15}v$，$\because\dfrac{51}{448}=\dfrac{153}{1344}$，$x=\dfrac{212}{1344}$；$y=\dfrac{214}{1344}$

[2]　令 x 为给第一位陌生人的遗赠，y 为给第二位陌生人的遗赠

$1-x-y=6v$；$x=v+\dfrac{1}{5}\left[\dfrac{1}{4}-v\right]$；$y=v-\dfrac{1}{4}\left[\dfrac{1}{3}-x-v\right]$；

即 $\dfrac{2}{3}+\dfrac{1}{3}-x-v+\dfrac{1}{4}\left[\dfrac{1}{3}-x-v\right]=6v$，或 $\dfrac{2}{3}+\dfrac{5}{4}\left[\dfrac{1}{3}-x-v\right]=6v$

或 $\dfrac{2}{3}+\dfrac{5}{4}\left[\dfrac{1}{3}-\dfrac{1}{4}+\dfrac{1}{4}-v-\dfrac{1}{5}\left[\dfrac{1}{4}-v\right]-v\right]=6v$

或 $\dfrac{2}{3}+\dfrac{5}{4}\left[\dfrac{1}{12}+\dfrac{4}{5}\left[\dfrac{1}{4}-v\right]-v\right]=6v$；$\therefore\dfrac{2}{3}+\dfrac{5}{4\times12}+\dfrac{1}{4}=\left[7+\dfrac{5}{4}\right]v$

$\therefore\dfrac{8}{3}+\dfrac{5}{12}+1=33v$；$\therefore\dfrac{49}{12\times33}=\dfrac{49}{396}=v$

$\therefore x=v+\dfrac{10}{396}$；$y=v-\dfrac{6}{396}$

产的]三分之一减去它的十分之一的一半再减去一又五分之四倍的份额。然后按照要求加上差的四分之一，并假设遗产的三分之一中包含八十份。从中减去遗产的二十分之一，剩余六十八份减去一又五分之四倍的份额，在其上加上它的四分之一，即十七份减去被减去的份额的四分之一［二十分之九］，就得到八十五份减去二又四分之一倍的份额，将它加上遗产的三分之二，即一百六十份上，那么就有遗产加上它的六分之一的八分之一减去二又四分之一的份额，等于六倍的份额。进行化简，将被减去的份额移项，并加到其他份额上，这样就有遗产加上它的六分之一的八分之一等于八又四分之一倍的份额。化简为一倍的遗产，从各项中减去各自的四十九分之一，得到遗产等于八又四十九分之四倍的份额。假设每份份额包含四十九份，那么全部遗产中包含三百九十六份，每一份额为四十九份，由［遗产的］四分之一决定的遗赠为十，而从第二份份额［中减去部分］得到的［遗赠］为六。

带有一迪拉姆的遗赠问题

"一个人去世后留下四个儿子，赠予某人一迪拉姆加上一个儿子的份额，再加上［遗产的］三分之一减去该份额所得的差的四分之一。"算法为①：从遗产的三分之一中减去该份额，差为三分之一减份额，而后减去差的四分之一，即［遗产的］三分之一的四分之一减去份额的四分之一再减去一迪拉姆，剩余遗产的三分之一的四分之三，即遗产的四分之一减去份额的四分之三再减去一迪拉姆。将此加到遗产的三分之二上，和为遗产的十二分之十一减去份额的四分之三再减去一，等于四倍的份额。将份额的四分之三与一迪拉姆移项，化简得到，遗产的十二分之十一等于四又四分之三倍的份额加上一迪拉姆。为使遗产完整，在份额与一迪拉姆的和上加上它自身的十一分之一。这样就有遗产等于五又十一分

① 令遗产$=1$，　一迪拉姆$=\delta$；　遗赠$=x$；　儿了的份额$=v$

$1-x=4v$；　$x=v+\frac{1}{4}\left[\frac{1}{3}-x\right]+\delta$；　$\therefore \frac{2}{3}+\frac{3}{4}\left[\frac{1}{3}-v\right]-\delta=4v$

$\therefore \frac{2}{3}+\frac{1}{4}-\delta=\left[4+\frac{3}{4}\right]v$；　$\therefore \frac{11}{12}-\delta=\frac{19}{4}v$

$v=$遗产的$\frac{11}{57}-$迪拉姆的$\frac{12}{57}$；遗赠 $x=$遗产的$\frac{13}{57}+$迪拉姆的$\frac{48}{57}$.

如果假设遗产中包含许多迪拉姆，或者说1迪拉姆是遗产的多少分之一，我们可以用迪拉姆或者遗产来表示儿子的份额的值。

那么，如果我们假设遗产等于 12 迪拉姆

$v=\frac{12}{57}[11-1]\delta=\frac{120}{57}\delta=2\frac{2}{19}$迪拉姆

$x=\frac{12}{57}[13+4]\delta=\frac{204}{57}\delta=3\frac{11}{19}$迪拉姆

之二倍的份额加上一又十一分之一迪拉姆。如果你想用迪拉姆来表示，先不要使得遗产完整，而是从迪拉姆中的十一减去一，用余下的十除以份额，即四又四分之三，比值是二又十九分之二迪拉姆。那么假设遗产有十二迪拉姆，则每份份额为二又十九分之二迪拉姆。或者，如果你想用份额来清楚表示，当遗产可以表示为十一迪拉姆时，使总遗产完整，并进行化简。

如果他留下五个儿子，并遗赠给某人一迪拉姆加上一个儿子的份额，加上［遗产的］三分之一减去该份额的差的三分之一，赠给另一个人三分之一与赠给第一个人的份额的差的四分之一，再加上一迪拉姆。那么算法如下[①]：取遗产的三分之一，从中减去一份份额，差为三分之一减去份额，然后减去所得差的三分之一，即［遗产的］三分之一的三分之一减去份额的三分之一再减去一迪拉姆，余下［遗产的］三分之一的三分之二减去份额的三分之二再减去一迪拉姆，而后再减去现有差的四分之一，即三分之一的六分之一减去份额的六分之一再减去一迪拉姆的四分之一；然后再减去第二个迪拉姆，差为遗产的三分之一的一半减去份额的一半再减去一又四分之三迪拉姆，再加上遗产的三分之二，和为遗产的六分之五减去份额的一半再减去一又四分之三迪拉姆，等于五倍的份额。进行化简，将份额的一半与一又四分之三迪拉姆移项并加到［五倍的］份额上，这样就有遗产的六分之五等于五又二分之一倍的份额加上一又四分之三迪拉姆。使遗产完整，并在五又二分之一加上一又四分之三迪拉姆加上它们自身的五分之一，这样得到遗产等于六又五分之三倍的份额加上二又十分之一倍的迪拉姆。假设每一份额有十份，一迪拉姆中也同样有十份，那么全部遗产中有八十七份。或者，如果你想用迪拉姆来表示，取［遗产的］三分之一减去份额，差为三分之一减去份额。假设［遗产的］三分之一等于七又二分之一迪拉姆，再减去所得的差的三分之

---

① 令遗赠$=x$；儿子的份额$=v$；$1-x=5v$；第一份遗赠$=v+\dfrac{1}{3}\left(\dfrac{1}{3}-v\right)+\delta$；第二份遗赠$=$

$\dfrac{1}{4}\left[\dfrac{1}{3}-v-\dfrac{1}{3}\left(\dfrac{1}{3}-v\right)-\delta\right]+\delta$；

$\dfrac{2}{3}+\dfrac{1}{3}-v-\dfrac{1}{3}\left(\dfrac{1}{3}-v\right)-\delta-\dfrac{1}{4}\left[\dfrac{2}{3}\left(\dfrac{1}{3}-v\right)-\delta\right]-\delta=5v$

即$\dfrac{2}{3}+\dfrac{2}{3}\left(\dfrac{1}{3}-v\right)-\delta-\dfrac{1}{4}\left[\dfrac{2}{3}\left(\dfrac{1}{3}-v\right)-\delta\right]-\delta=5v$

即$\dfrac{2}{3}+\dfrac{3}{4}\left[\dfrac{2}{3}\left(\dfrac{1}{3}-v\right)-\delta\right]-\delta=5v$

$\therefore\dfrac{2}{3}+\dfrac{1}{6}-\dfrac{1}{2}v-\dfrac{7}{4}\delta=5v$；$\therefore\dfrac{5}{6}-\dfrac{7}{4}\delta=\dfrac{11}{2}v$；$\therefore$遗产的$\dfrac{10}{66}-$迪拉姆的$\dfrac{21}{66}=v$

$\therefore$遗产的$\dfrac{16}{66}+$迪拉姆的$\dfrac{105}{66}=x$，即遗产。

如果遗产$=\dfrac{45}{2}$迪拉姆，或者遗产的$\dfrac{1}{3}=7\dfrac{1}{2}$迪拉姆，$v=\dfrac{34}{11}$迪拉姆$=3\dfrac{1}{11}$迪拉姆

一，即［遗产的］三分之一的三分之一①［减去份额的三分之一］，差为遗产的三分之二的三分之一减去份额的三分之二，即五迪拉姆减去份额的三分之二。然后根据提议再减去一迪拉姆，得到四迪拉姆减去份额的三分之二，再减去所得的差的四分之一，即一［迪拉姆］减去份额的六分之一，等于三迪拉姆减去份额的一半，然后再减去一迪拉姆，那么差为二［迪拉姆］减去份额的一半。将其加上遗产的三分之二，即十五［迪拉姆］，这样就有十七［迪拉姆］减去份额的一半等于五倍的份额。进行化简，将份额的一半移项并加到五倍的份额上，就有十七迪拉姆等于五又二分之一倍的份额，用五又二分之一除以十七，比值就是一份份额的值，即三又十一分之一迪拉姆，且［遗产的］三分之一为七又二分之一迪拉姆。

如果他留下四个儿子，并遗赠给某人相当于儿子的份额减去［遗产的］三分之一与份额的差的四分之一加上一迪拉姆；给另一人这三分之一中所剩余的三分之一加上一迪拉姆，那么遗赠也就是由三分之一决定的②。取遗产的三分之一，从中减去一倍的份额，差为三分之一减去份额，加上它的四分之一，得到三分之一加上三分之一的四分之一减去一又四分之一倍的份额，再减去一迪拉姆，差为三分之一与三分之一的四分之一的和减去一迪拉姆再减去一又四分之一份额，那么三分之一还剩下遗产的三分之一的六分之五减去迪拉姆的三分之二再减去份额的六分之五。再次减去一迪拉姆，在三分之一的遗产中余下遗产的十八分之五减去一又三分之二迪拉姆再减去份额的六分之五，再加上遗产的三分之二，得到遗产的十八分之十七减去一又三分之二迪拉姆再减去份额的六分之五，等于四倍的份额。进行化简，将被减去的量移项并将其加到份额上，这样就有遗产的十八分之十七等于四又六分之五倍的份额加上一又三分之二倍的迪拉姆。使遗产完整，并在四又六分之五倍的份额与一又三分之二倍的迪拉姆的和上加上自身的十七分之一。则全部的遗产等于五又十七分之二倍的份额加上一又十七分之十三迪拉姆。假设每一份额为十七，且一迪拉姆也有十七份③，则全部遗产有一百一十七份，如果你想用迪拉姆表

---

① 这里漏下"减去份额的三分之一"。

② 设第一份遗赠为 x，第二份遗赠为 y，且儿子的份额为 v

$1-x-y=4v$，即 $\frac{2}{3}+\frac{1}{3}-v+\frac{1}{4}\left(\frac{1}{3}-v\right)-\delta-\frac{1}{3}\left[\frac{1}{3}-v+\frac{1}{4}\left(\frac{1}{3}-v\right)-\delta\right]-\delta=4v$

即 $\frac{2}{3}+\frac{2}{3}\left[\frac{1}{3}-v+\frac{1}{4}\left(\frac{1}{3}-v\right)-\delta\right]-\delta=4v$

即 $\frac{2}{3}+\frac{2}{3}\left[\frac{5}{4}\left(\frac{1}{3}-v\right)-\delta\right]-\delta=4v$

$\therefore \frac{2}{3}+\frac{5}{18}-\frac{5}{6}v-\frac{5}{3}\delta=4v$，$\therefore \frac{17}{18}-\frac{5}{3}\delta=\frac{29}{6}v$，$\therefore \frac{17}{87}-\frac{20}{58}\delta=v$，

且 $\frac{14}{87}+\frac{33}{58}\delta=x$，$\frac{5}{87}+\frac{47}{58}\delta=y$

③ 遗产 $=\frac{87}{17}v+\frac{30}{17}\delta$，$\therefore$ 如果 $v=17$，$\delta=17$，遗产 $=117$

示遗产，按照我教给你的方法进行就可以。如果真主愿意，这个方法有成效。

　　如果他留下三子两女，遗赠给某人以女儿的份额加上一迪拉姆，赠给另一人遗产的四分之一与第一份遗赠的差的五分之一加上一迪拉姆，赠给第三个人遗产的三分之一减去两份遗赠后的差的四分之一加上一迪拉姆，给第四个人全部遗产的八分之一。所有的遗赠都是由继承人共同支付的。在这个题目中，你可以用迪拉姆来表示的方式进行计算，其方法如下①：取遗产的四分之一，假设它为六迪拉姆，那么全部遗产为二十四迪拉姆。从其四分之一中减去一倍的份额，差为六迪拉姆减去份额，减去一迪拉姆，差为五迪拉姆减去份额，然后减去此差的五分之一，差为四迪拉姆减去份额的五分之四。再减去第二个迪拉姆，得到三迪拉姆减去份额的五分之四，已知由遗产的四分之一决定的遗赠是三迪拉姆减去份额的五分之四。现在回到［遗产的］三分之一，即八迪拉姆。从中减去三迪拉姆，再减去份额的五分之四，差为五迪拉姆减去份额的五分之四。再次根据遗赠，从其中减去它的四分之一与一迪拉姆，剩余二又四分之三迪拉姆减去份额的五分之三。取遗产的八分之一，即三，从三分之一中减掉之后，剩余［负］四分之一迪拉姆减去份额的五分之三。现在回到［遗产的］三分之二，即十六，从中减去四分之一迪拉姆与份额的五分之三的差，剩余遗产十五又四分之三迪拉姆减去份额的五分之三，等于八倍的份额。化简，将份额的五分之三移项并加到八倍的份额上，这样有十五又四分之三迪拉姆等于八又五分之三倍的份额。相除，比值即为一份份额在全部遗产［即二十四迪拉姆］中所占［的迪拉姆数］，每个女儿得到

---

① 令给起先的三个受赠者的遗赠分别是 x, y, z，第四份遗赠 $=\dfrac{1}{8}$，且女儿的份额 $=v$

$$\therefore \frac{7}{8}-x-y-z=8v,\ x=v+\delta,\ y=\frac{1}{5}\left[\frac{1}{4}-x\right]+\delta,\ z=\frac{1}{4}\left[\frac{1}{3}-x-y\right]+\delta$$

$$\therefore \frac{7}{8}-\frac{1}{3}+\frac{1}{3}-x-y-\frac{1}{4}\left[\frac{1}{3}-x-y\right]-\delta=8v,\ \therefore \frac{13}{24}+\frac{3}{4}\left[\frac{1}{3}-x-y\right]-\delta=8v$$

$$但\ \frac{1}{3}-x-y=\frac{1}{3}-\frac{1}{4}+\frac{1}{4}+x-\frac{1}{5}\left[\frac{1}{4}-x\right]-\delta$$

$$=\frac{1}{12}+\frac{4}{5}\left[\frac{1}{4}-x\right]-\delta=\frac{1}{12}+\frac{1}{5}-\frac{4}{5}v-\frac{9}{5}\delta$$

$$=\frac{17}{60}-\frac{4}{5}v-\frac{9}{5}\delta$$

$$\therefore \frac{13}{24}+\frac{3}{4}\times\frac{17}{60}-\frac{3}{5}v-\left[\frac{3}{4}\times\frac{9}{5}+1\right]\delta=8v,\ \frac{181}{240}-\frac{47}{20}\delta=\frac{43}{5}v$$

$$\therefore v=\frac{181}{2064}-\frac{564}{2064}\delta,\ 且\ 1=\frac{2064}{181}v+\frac{564}{181}\delta$$

$$x=\frac{181}{2064}+\frac{1500}{2064}\delta;\ y=\frac{67}{2064}+\frac{1764}{2064}\delta;\ z=\frac{110}{2064}+\frac{1248}{2064}\delta$$

一又一百七十二分之一百四十三迪拉姆①。

　　如果你想用份额来表示，取遗产的四分之一，从中减去一倍的份额，差为遗产的四分之一减去份额，而后减去一迪拉姆，再减去〔遗产的〕四分之一中剩余量的五分之一，即遗产的四分之一的五分之一减去份额的五分之一再减去一迪拉姆的五分之一，然后减去第二个迪拉姆，差为四分之一的五分之四减去份额的五分之四的差减去一又五分之四。从遗产的四分之一中付出的遗赠等于遗产的二百四十分之十二加上份额的五分之四再加上一又五分之四迪拉姆。取〔遗产的〕的三分之一，即八十。从中减去十二与份额的五分之四与一又五分之四迪拉姆，再减去差的四分之一与一迪拉姆。那么三分之一中剩余五十一减去份额的五分之三减去二又二十分之七迪拉姆。然后再减去遗产的八分之一，即三十。差为二十一减去份额的五分之三再减去二又二十分之七迪拉姆，加上遗产的三分之二等于八倍的份额。化简，将被减去的量移项，加到八倍的份额上，那么有遗产所平分的二百四十份中的一百八十一份等于八又五分之三倍的份额加上二又二十分之七迪拉姆。使遗产完整，在其上加上它的一百八十一分之五十九。然后，令一份份额为三百六十二，一迪拉姆也同样为三百六十二份②，全部遗产为五千二百五十六。从四分之一中支付的遗产③为一千二百零四，从三分之一中支出的为四百九十九。从八分之一中支出的为六百五十七。

凑足（completement）问题

　　"一个女子过世后，留下八个女儿以及她的母亲和丈夫，遗赠给某人的财产加上女儿的份额等于遗产的五分之一，赠给另一个人的财产加上母亲的份额等于遗产的四分之一④。"算法：首先确定遗产〔应被划分的〕份数，此题目中为十

---

① $v=$遗产的$\frac{181}{2064}-$迪拉姆的$\frac{564}{181}$，如果我们假设遗产等于 24 迪拉姆

　　$v=\frac{181\times24-564}{2064}$迪拉姆$=\frac{4344-564}{2064}\delta=\frac{3780}{2064}\delta=1\frac{143}{172}$迪拉姆

② 遗产$=\frac{2064}{181}v+\frac{564}{181}\delta$，如果我们假设 $v=362$，且 $\delta=362$，遗产$=5256$

　　那么 $x=724$，$y=480$，$z=499$，遗产的$\frac{1}{8}=657$

③ 第一份遗赠是 724，第二份遗赠是 480，第一份遗赠＋第二份遗赠$=1024$

④ 在这种情形下，母亲得到剩余遗产的$\frac{2}{13}$，而且每个女儿得到它的$\frac{1}{13}$，

　　$1-x-y=13v$，即 $1-\frac{1}{5}+v-\frac{1}{4}+2v=13v$，$\therefore\frac{11}{20}=10v$

　　$\therefore v=\frac{11}{200}$；$x=\frac{29}{200}$；$y=\frac{28}{200}$

三。从遗产中减去它的五分之一与一倍份额的差——这是第一份遗赠，其中的一倍份额为一个女儿的份额；再从中减去其四分之一与二倍份额的差——这为第二份遗赠，二倍份额为母亲的份额，余下遗产的二十分之十一，当它加上三倍份额等于十三倍份额。从十三倍的份额中减去［另一侧的］三倍份额，这样就得到遗产的二十分之十一等于十倍份额。使遗产完整，并在十倍份额上加上它的十一分之九，因此有遗产等于十八又十一分之二倍的份额。假设每一份额为十一，那么全部遗产为二百，每份为十一。第一份遗赠为二十九，第二份为二十八。

如果在同样情形下，她遗赠给某人的财产加上丈夫的份额等于［遗产的］三分之一，给另一人的遗产加上母亲的份额等于［遗产的］四分之一，给第三人的遗产加上女儿的份额等于［遗产的］五分之一。所有的遗赠由继承人共同承担，那么将遗产分为十三份[①]。从遗产中减去其三分之一与三倍的份额，即丈夫的份额的差；再减去其四分之一减去二倍份额，即母亲的份额的差，最后减去五分之一与一倍份额，即女儿的份额的差。差为六十分之十三，当它加上六倍份额等于十三倍份额。从十三倍份额中减去六倍份额，等于七倍份额。使遗产完整，并用七倍份额乘以四又十三分之八，就得到遗产等于三十二又十三分之四倍的份额，假设每一份额为十三，则全部遗产为四百二十。

如果在相同情形下，她遗赠给某人的财产加上母亲的份额等于遗产的四分之一，赠给另一人的财产加上女儿的份额等于全部遗产减去第一份遗赠的差的五分之一，将遗产分为十三份[②]。从遗产中减去它的四分之一与二倍份额的差，然后再从遗产中剩余量的五分之一中减去一倍的份额，再看减去这些份额后遗产中剩余多少。这个差为遗产的五分之三，当加上二又五分之三倍的份额时等于十三倍的份额。从十三倍份额中减去二又五分之三倍的份额，即十又五分之二倍的份额等于遗产的五分之三。使得遗产完整，在各项上加各自的三分之二。这样得到遗产等于十七又三分之一份额。假设每一份额为三，则遗产为五十二。每份为三，第一份遗赠为七，第二份为六。

如果在相同情形下，她遗赠给某人的财产加上母亲的份额等于遗产的五分之

---

① $1 - \left[\frac{1}{3} - 3v\right] - \left[\frac{1}{4} - 2v\right] - \left[\frac{1}{5} - v\right] = 13v$；即 $1 - \frac{1}{3} - \frac{1}{4} - \frac{1}{5} = 7v$；$\therefore \frac{13}{60} = 7v$

$\therefore v = \frac{13}{420}$

② $1 - x - y = 13v$，$x = \frac{1}{4} - 2v$，$y = \frac{1}{5}[1-x] - v$，$1 - x - \frac{1}{5}[1-x] + v = 13v$

$\frac{4}{5}[1-x] = 12v$，$\therefore \frac{4}{5}\left[\frac{3}{4} + 2v\right] = 12v$，$\therefore \frac{3}{5} = \left[12 - \frac{8}{5}\right]v = \frac{52}{5}v$

$\therefore v = \frac{3}{52}$，$\therefore x = \frac{7}{52}$，$y = \frac{6}{52}$

一，另一人得到剩余部分的六分之一。那么仍将遗产分为十三份①，从遗产中减去其五分之一与二倍份额的差，然后减去剩余遗产的六分之一，这样得到遗产的三分之二。当它加上一又三分之二倍的份额时等于十三倍的份额。从十三倍份额中减去一又三分之二倍份额，得到遗产的三分之二等于十一又三分之一倍份额。使得遗产完整，在各项上加上各自的二分之一，这样有遗产等于十七倍的份额。现在假设遗产为八十五，每份为五，则第一份遗赠为七，第二份为十三，剩余的六十五为继承人所有。

如果在相同的情形下，她遗赠给某人的财产加上母亲的份额等于遗产的三分之一再减去一个数。这个数加上女儿的份额等于遗产与上文中与 [母亲份额相加等于遗产的三分之一的] 凑足数的差的四分之一，则遗产仍被分为十三份②。从遗产中减去它的三分之一与二倍份额的差，然后加上差的四分之一减去份额，这样就有遗产的六分之五加上一又二分之一倍的份额，等于十三倍份额。从十三倍份额中减去一又二分之一倍的份额，余下的十一又二分之一倍的份额等于遗产的六分之五。为使遗产完整，在各项上加上各自的五分之一，就得到遗产等于十三又五分之四倍的份额。假设每一份额被分成五份，则全部遗产为六十九，遗赠为四。

"一个人去世后留下一个儿子和五个女儿，给某人的遗赠加上儿子的份额，凑足 [遗产的] 五分之一与六分之一的和，再减去 [遗产的] 三分之一中扣除凑足的部分后所剩余的四分之一。"③ 取遗产的三分之一，从中减去它的五分之一与六分之一的和，再减去两份 [遗产被分为七份] 份额，这样就有两份份额减去遗产的一百二十分之四。然后加到被扣去的量（exception）上，即份额的二分之一减去

---

① $1-x-y=13v$, $x=\dfrac{1}{5}-2v$, $y=\dfrac{1}{6}[1-x]$, $1-x-\dfrac{1}{6}[1-x]=13v$

$\therefore \dfrac{5}{6}[1-x]=13v$, $\therefore \dfrac{5}{6}\left[\dfrac{4}{5}+2v\right]=13v$, $\therefore \dfrac{2}{3}+\dfrac{5}{3}v=13v$, $\therefore \dfrac{2}{3}=\dfrac{34}{3}v$

$\therefore v=\dfrac{1}{17}$, $x=\dfrac{7}{85}$, $y=\dfrac{13}{85}$

② $1-x+y=13v$, 且 $x=\dfrac{1}{3}-2v$; $y=\dfrac{1}{4}[1-x]-v$, $\therefore 1-x+\dfrac{1}{4}[1-x]-v=13v$

$\therefore \dfrac{5}{4}[1-x]=14v$, $\therefore \dfrac{5}{4}\left[\dfrac{2}{3}+2v\right]=14v$; $\therefore \dfrac{5}{6}=\dfrac{23}{2}v$, $\therefore v=\dfrac{5}{69}$, $x-y=\dfrac{4}{69}$

③ 由于他有五个女儿和一个儿子，每个女儿得到剩余遗产的 $\dfrac{1}{7}$，儿子得到它的 $\dfrac{2}{7}$，

$1-x=7v$; $\dfrac{1}{5}+\dfrac{1}{6}=\dfrac{11}{30}$, $\therefore \dfrac{2}{3}+\dfrac{1}{3}-\dfrac{11}{30}+2v+\dfrac{1}{4}\left[\dfrac{1}{3}-\dfrac{11}{30}+2v\right]=7v$

$\therefore \dfrac{2}{3}-\dfrac{1}{30}+2v+\dfrac{1}{4}\left[\dfrac{-1}{30}+2v\right]=7v$; $\therefore \dfrac{2}{3}+\dfrac{5}{4}\left[\dfrac{-1}{30}+2v\right]=7v$; $\therefore \dfrac{4}{6}-\dfrac{1}{24}=\dfrac{9}{2}v$

$\therefore \dfrac{5}{8}=\dfrac{9}{2}v$; $\therefore v=\dfrac{5}{36}$ 且 $x=\dfrac{1}{36}$

[遗产的] 一百二十分之一，这样有二又二分之一倍的份额减去遗产的一百二十分之五，然后再加上遗产的三分之二，得到遗产的一百二十分之七十五加上二又二分之一倍份额，等于七倍的份额。从七倍份额中减去二又二分之一份额，则有遗产的一百二十分之七十五，或者说八分之五，等于四又二分之一倍的份额。使遗产完整，在各项上加上各自的五分之三，那么就有遗产等于一又五分之一倍的份额。令每一份额为五，则全部遗产为三十六，每一份为五，遗赠为一。

　　如果他留下了他的母亲、妻子和四个姐妹，遗赠给某人的财产加上妻子与姐妹的份额等于遗产的一半减去从 [遗产的] 三分之一中减去凑足数的差的七分之二，算法如下[①]：如果取定 [遗产的] 三分之一的一半，即六分之一，这是被扣除的部分，也是母亲与妻子的份额。令其为五份，[全部遗产为十三份]。[遗产的] 三分之一中剩余的部分为五倍的份额减去遗产的六分之一。被减去的七分之二就是五倍的份额与遗产的六分之一的七分之二的差的七分之二。这样就有六倍的份额加上份额的七分之三，减去 [遗产的] 六分之一与它的六分之一的七分之二。然后加上遗产的三分之二，那么就有遗产的四十二分之十九加上六又七分之三倍的份额等于十三倍的份额。然后减去六又七分之三倍的份额，剩余遗产的四十二分之十九等于六又七分之四倍的份额。为使遗产完整，在其上加上它的二又十九分之四倍，则遗产等于十四又一百三十三分之七十倍的份额。那么全部遗产是一千九百三十二，每一份额为一百三十三，凑足的部分为三百零一，[遗产的] 三分之一中被扣除的部分为九十八，因此遗赠为二百零三，继承人持有一千七百二十九。

---

①　从上下文中可以看出，当剩余遗产的继承人是母亲，妻子和四个姐妹时，剩余遗产应该被分为 13 份，妻子和其中的一个姐妹加在一起得到 5 份，那么母亲和其余的三姐妹合在一起得到 8 份。于是，每个姐妹得到的遗产必定不少于 $\frac{1}{13}$，同时也不超过 $\frac{2}{13}$。在上述情况中，一个姐妹得到的遗产与妻子得到的相同，而在当前的情形下，这是不可能的；但是遗孀得到的一定少于 $\frac{3}{13}$，而每个姐妹得到的也不会多于 $\frac{2}{13}$。在这种情形下，母亲可能会继承 $\frac{2}{13}$，妻子得到 $\frac{3}{13}$，每个姐妹得到 $\frac{2}{13}$。

$x+5v=\dfrac{1}{2}$；$1-x+\dfrac{2}{7}\left[\dfrac{1}{3}-x\right]=13v$；$\therefore\dfrac{2}{3}+\dfrac{9}{7}\left[\dfrac{1}{3}-x\right]=13v$

$\therefore\dfrac{2}{3}+\dfrac{9}{7}\left[\dfrac{-1}{6}+5v\right]=13v$

$\therefore\dfrac{2}{3}-\dfrac{3}{14}=\left[13-\dfrac{45}{7}\right]v$；$\therefore\dfrac{19}{42}=\dfrac{46}{7}v$，$\therefore\dfrac{19}{276}=v$，

$\therefore x=\dfrac{29}{276}$ 且剩余遗产$=\dfrac{247}{276}$

作者没有必要用 $7\times276=1932$ 作为公分母。

归还的计算[①]

关于疾病中的婚姻

"一个人在病危的时候娶妻,付［聘礼］一百迪拉姆,除此之外他再无其他财产。她的嫁妆为十迪拉姆。不久后妻子去世,将她财产的三分之一赠与别人,此后丈夫也去世了。"[②] 算法:从完全属于她的一百迪拉姆中拿出相当于嫁妆的数额,即十迪拉姆,剩余九十迪拉姆。从这其中她留下了一份遗赠。令给她的财产(她丈夫给她的,但不包括嫁妆)的和为"物",减去它,所得的差为九十迪拉姆减去"物"。她已拥有十迪拉姆加上"物"。她赠出了财产的三分之一,即三又三分之一迪拉姆加上"物"的三分之一,剩余六又三分之二迪拉姆加上"物"的三分之二。它的一半,即三又三分之一迪拉姆加上"物"的三分之一作为丈夫

---

① 作者对于这本著作中剩下的问题给出的结论,从数学的角度考虑,大部分是不正确的。这并不是说问题被归结为方程后没有被正确地解出,而是在将它们归结为方程的过程中,随意进行假设,往往与先前说明的情况矛盾。其目的似乎为了迫使结论与阿拉伯律师所解释的继承法相吻合。

律师解释的条款,和作者得到的结论,似乎都是为了取悦继承人,以及亲戚。限制病中的立遗嘱人遗赠财产和解放奴隶的权利,向立遗嘱人病榻上有意解放的奴隶征收很重的赎金。

② 令 s 为和,包括嫁妆和由丈夫支付的聘礼。d 为嫁妆,x 为给妻子的礼物,这是她有权按照自己的意愿赠送的财产。

如果她愿意,她可以赠送 $d+x$;事实上,她送出了 $\frac{1}{3}[d+x]$,剩余 $\frac{2}{3}[d+x]$,这其中的一半,即 $\frac{1}{3}[d+x]$ 归她的继承人所有,另一半要返还给她的丈夫。

所以,丈夫的继承人得到 $s-[d+x]+\frac{1}{3}[d+x]$ 或者 $s-\frac{2}{3}[d+x]$;而且因为妻子可以支配的,不包括嫁妆,为 x,丈夫将要得到的和是它的两倍,即 $s-\frac{2}{3}[d+x]=2x$,

$\therefore \frac{1}{8}[3s-2d]=x$,但是 $s=100$;$d=10$;$\therefore x=35$;

$d+x=45$;$\frac{1}{3}[d+x]=15$。那么她赠出 15,她的丈夫得到 15,她的其他继承人得到 15,她丈夫的继承人得到 $2x=70$。

但是假如丈夫也要送出一份遗赠,那么,就像我们眼下看到的,法律在某些部分会违背那位妻子的意愿。

继承的份额归还给他①。那么丈夫的继承人［按照各自的份额］［一共］可以得到九十三又三分之一迪拉姆减去"物"的三分之二，而这是给妻子的数额，即"物"的两倍：因为妻子有权将将丈夫留下的所有遗产中的三分之一遗赠给别人②。给她的数额的两倍是两倍的"物"，从"物"的三分之二中减去九十三又三分之一迪拉姆，再加上二倍的"物"，就得到九十三又三分之一迪拉姆等于二又三分之二倍的"物"，那么"物"为其八分之三，即九十三又三分之一的八分之三，为三十五迪拉姆。

　　如果问题是相同的，但不同之处在于妻子负债十迪拉姆，并且将她遗产的三分之一遗赠给别人，那么算法如下③：给妻子的嫁妆是十迪拉姆，那么剩余九十迪拉姆，从这其中她留下了一份遗赠。令给她的财产为"物"，则其余的为九十减去"物"，那么妻子的财产为十加上"物"。从这其中扣除她的债务，即十迪拉姆，则她只剩下"物"。她赠出了这其中的三分之一，即"物"的三分之一，剩余"物"的三分之二。而她的丈夫根据继承的法律得到其中的一半，即"物"的三分之一。因此丈夫的继承人会得到九十迪拉姆减去"物"的三分之二，而这些是给她的财产，即"物"的两倍，也就是两倍的"物"。进行化简，将与九十相减的"物"的三分之二移项并加上二倍的"物"，就得到九十迪拉姆等于二又三分之二倍的"物"。"物"为其八分之三，即三十三又四分之三迪拉姆。这也是给妻子的财产。

　　如果他娶她时付出的［聘礼］是一百迪拉姆，她的嫁妆为十迪拉姆。他遗赠

---

① 在其他情形下，例如在 80 页出现的情况，丈夫继承了他的妻子的遗产减去她遗赠出的部分后剩余的遗产的四分之一。但是在这个例子中，他继承了妻子剩余财产的一半。如果她去世时还有债务，那么欠款首先从她的财产中扣除，直至动用她的嫁妆（见下一题）。

② 当丈夫遗赠给陌生人部分遗产时，这个"三"会变为六分之一。

③ 可以像上一个例子中设定同样的未知数，丈夫得到 $s-[d+x]$，d 用来支付妻子的债务，而 $\frac{x}{3}$ 由妻子归还给丈夫。

　　$\therefore s-d-\frac{2}{3}x=2x$；$\therefore \frac{3}{8}[s-d]=x$，所以如果 $s=100$，且 $d=10$，$x=33\frac{3}{4}$，她遗赠了 $11\frac{1}{4}$，$11\frac{1}{4}$ 归还给了她的丈夫，她的其他继承人得到 $11\frac{1}{4}$，丈夫的继承人得到 $2x=67\frac{1}{2}$。

给某人他的遗产的三分之一，那么算法如下^①：扣除给妻子的嫁妆，剩余九十迪拉姆。令付给她的财产为"物"，同样给得到遗产的三分之一的受赠者"物"：因为这三分之一会在他们之间平分。除非丈夫可以得到同样的数额，否则妻子什么都得不到。因此，同样得到遗产三分之一的受赠者"物"，然后返还给继承人。他从妻子处继承了五迪拉姆加上"物"的二分之一，因此丈夫的继承人们保有九十五迪拉姆减去一又二分之一倍的"物"，等于四倍的"物"。进行化简，将一又二分之一倍的"物"移项，并加到四倍的"物"上，就有九十五迪拉姆等于五又二分之一倍的"物"。将它们取半，则有一百九十个"一半"等于十一个"物"的"一半"，那么"物"等于十七又七分之三迪拉姆。这就是遗赠。

　　"一个人娶妻时付出［聘礼］一百迪拉姆，她的嫁妆为十迪拉姆。她在他之前去世，留下十迪拉姆并将遗产中的三分之一赠与别人。丈夫去世后，留下一百

---

① 这个例子与 95 页的例子区别在两方面：一方面妻子没有给出任何遗赠，另一方面丈夫遗赠了他的财产的三分之一。

假设丈夫没有遗赠任何财产，那么，因为妻子有财产 $d+x$，而且没有做出任何遗赠，所以 $\frac{1}{2}[d+x]$ 将转交给她的丈夫。同样数量的财产属于她的其余的继承人。$\therefore s-[d+x]+\frac{1}{2}[d+x]=2x$，$\therefore x=\frac{1}{5}[2s-d]$，而且因为 $s=100$，$d=10$；$x=38$；$d+x=48$，$\frac{1}{2}[d+x]=24$ 转交给她的丈夫，同样的数目归她其他的继承人；且 $2x=76$ 属于丈夫的继承人。

现在假设丈夫赠送出他财产的 $\frac{1}{3}$，这里提及的法律会干涉立遗嘱人遗赠财产的权利，而且无论妻子可以支配多少财产，丈夫都可以支配同样的数额，而且丈夫的继承人能够得到的财产应该是丈夫与妻子共同支配的财产的二倍。$\therefore s-\frac{1}{2}[d+x]-x=4x$；$\therefore \frac{1}{11}[2s-d]=x$，如果 $s=100$，且 $d=10$，$x=\frac{190}{11}=17\frac{3}{11}$；$d+x=27\frac{3}{11}$；$\frac{1}{2}[d+x]=13\frac{7}{11}$ 转交给丈夫，同样的数额归妻子其他的继承人所有，$17\frac{3}{11}$ 是丈夫遗赠的财产，而 $69\frac{1}{11}=4x$ 归丈夫的继承人。

二十迪拉姆，并也将遗产的三分之一赠给某人。"算法为[1]：给妻子她的嫁妆，即十迪拉姆，那么丈夫的继承人持有一百一十迪拉姆，这其中妻子得到的为"物"，剩余一百一十减去"物"，且妻子的继承人得到二十迪拉姆加上"物"。她遗赠出其中的三分之一，即六又三分之二迪拉姆加上"物"的三分之一。剩余的一半，即六又三分之二迪拉姆加上"物"的三分之一返还给丈夫的继承人，因此他们手中共有一百一十六又三分之二迪拉姆减去"物"的三分之二。他遗赠出这其中的三分之一，即"物"，剩余一百一十六又三分之二迪拉姆减去"物"的一又三分之二倍。而这些是丈夫给妻子的以及给陌生人的遗赠的两倍，即四倍的"物"，进行化简，就有一百一十六又三分之二迪拉姆等于五又三分之二倍的"物"。因此"物"等于二十又十七分之十，且这即为遗赠。

病中解放奴隶的问题

　　"假设一个人在病床上解放了两个奴隶，并留下了一子一女后死去。不久其中一个奴隶死去了，留下一个女儿与多于他自身价值的财产。"[2] 取这个奴隶的

---

[1] 令 c 为妻子留下的财产，除此之外，d 为嫁妆，x 是丈夫的聘礼，她赠出 $\frac{1}{3}[c+d+x]$，$\frac{1}{3}[c+d+x]$ 归丈夫所有，而且 $\frac{1}{3}[c+d+x]$ 属于她其他的继承人。丈夫留下财产 s，从这其中必须支付嫁妆 d，给妻子的聘礼 x，以及给陌生人的遗赠 x，而他的继承人从妻子的继承人手中得到 $\frac{1}{3}[c+d+x]$

根据继承法，$s-d-2x+\frac{1}{3}[c+d+x]=4x$，$\therefore 3s+c-2d=17x$ 且 $x=\frac{3s+c-2d}{17}$。如果 $s=120$，$c=10$，且 $d=10$，$x=\frac{350}{17}=20\frac{10}{17}$，$c+d+x=40\frac{10}{17}$，$\frac{1}{3}|c+d+x|=13\frac{9}{17}$。妻子赠出了 $13\frac{9}{17}$，$13\frac{9}{17}$ 交给了她的丈夫，还有 $13\frac{9}{17}$ 留给她其他的继承人

丈夫遗赠给陌生人 $20\frac{10}{17}$，他给了妻子同样的数额，并将 $4x=82\frac{6}{17}$ 留给了他的继承人。

[2] 从死去的奴隶留下的财产中要扣除两部分并交给主人的继承人，首先是奴隶原价的三分之二，第二是为了凑齐另一个奴隶的赎金所需的数额。令这两部分的和为 p，且奴隶留下的财产为 α

接下来，考虑奴隶的财产中剩余的部分。

首先，如果奴隶在主人之前去世，主人的儿子得到 $\frac{1}{2}[\alpha-p]$；主人的女儿得到 $\frac{1}{4}[\alpha-p]$，而奴隶的女儿得到 $\frac{1}{4}[\alpha-p]$。

其次，如果奴隶在主人之后去世，主人的儿子将得到 $\frac{2}{3}p$；主人的女儿得到 $\frac{1}{3}p$，那么主人的儿子得到 $\frac{1}{2}[\alpha-p]$，而奴隶的女儿得到 $\frac{1}{2}[\alpha-p]$。

价值的三分之二，加上另一个奴隶必须交还的数额［用来凑足他的赎金］。如果奴隶死于主人之前，那么后者的儿女分享遗产的比例为儿子得到的是两个女儿所得的和；但如果他死于主人之后，那么取他的价值的三分之二加上另一个奴隶交还的数额，在主人的儿女中分配。这样，儿子得到的是女儿得到的两倍。且剩余的［从奴隶的遗产中］由儿子单独享有，而不再分给女儿。奴隶的遗产的一半留给自己的女儿，而另一半根据继承法，要交给主人的儿子，而不必再给［主人的］女儿。

如果一个人在病中解放了自己的奴隶，除此之外他再无其他财产。若奴隶死于主人之前，那么计算是相同的。

如果一个人在病中解放了他的奴隶，除此之外他再无其他财产，那么奴隶必须用他的价值的三分之二为自己赎身。如果主人已经将这三分之二预支到自己的葬礼上，那么奴隶必须付出剩余财产的三分之二[①]。但是如果主人花费掉了奴隶的全部价值，那么奴隶不再承担任何费用，因为他已经付清了全部费用。

"假设一个人在病中解放了一个奴隶，其价值三百迪拉姆。除此之外他再无财产。不久这名奴隶去世并留下三百迪拉姆与一个女儿。"算法如下[②]：设给奴隶的遗赠为"物"，他必须归还他的价值减去遗赠后所得的差，即三百减去"物"。这笔赎金，即三百减去"物"，属于主人。奴隶死后，留下遗产为"物"以及一个女儿。她只能得到"物"的一半，另一半归主人所有。因此主人的继承人会得到三百减去"物"的二分之一，这是遗赠，即"物"的两倍，也就是二倍的"物"。将三百迪拉姆减去"物"的二分之一中的"物"的二分之一移项，加

---

① 奴隶保有他的价值的三分之一，而且可以按照这个价格的三分之二赎身，即他原来的价值的 $\frac{2}{3} \times \frac{1}{3} = \frac{2}{9}$。

② 令奴隶的原价为 a，他去世时拥有的财产为 α，在主人解放他时赠与他的财产为 x，那么他去世时拥有的净财产为 $\alpha + x - a$，根据法律，$\frac{1}{2}[\alpha + x - a]$ 属于主人，$\frac{1}{2}[\alpha + x - a]$ 归奴隶的女儿。主人的继承人得到赎金 $a - x$ 加上主人继承的部分 $\frac{1}{2}[\alpha + x - a]$，即 $\frac{1}{2}[\alpha - x + a]$；根据相同的法律，当奴隶被解放的时候，可以用原价的三分之二为自己赎身，这种情形使用的律条是当 1 给定时，则 2 被采纳。$\therefore \frac{1}{2}[\alpha - x + a] = 2x$；

$x = \frac{1}{5}[\alpha + a]$

女儿继承的份额是 $\frac{1}{5}[3\alpha - 2a]$；主人的继承人得到 $\frac{2}{5}[\alpha + a]$

如果，像例子中一样 $\alpha = a$，$x = \frac{2}{5}a$，女儿的份额是 $\frac{1}{5}a$，主人的继承人得到 $\frac{4}{5}a$

到二倍的"物"上，这样有三百等于二又二分之一倍的"物"。因此"物"等于三百的五分之二，即一百二十。这就是给奴隶的遗赠，且赎金为一百八十。

"某人在病榻上解放了一个价值为三百迪拉姆的奴隶，不久奴隶死去了，留下四百迪拉姆与十迪拉姆的债务以及两个女儿。他遗赠给一个人他的遗产的三分之一。主人有二十迪拉姆债务。"本题的算法如下[①]：令给奴隶的遗赠为"物"，其余的即为他的赎金，即三百减去"物"。但奴隶死后留下四百迪拉姆，从这其中他要付出他的赎金，即三百迪拉姆减去"物"给主人。因此奴隶的继承人保有

---

① 令奴隶的原价为 a，他去世时拥有的财产为 α，他欠下的债务 ε，他留下两个女儿，并遗赠给陌生人他的财产的三分之一。

主人欠下的债务为 μ，其中 $a=300$；$\alpha=400$；$\varepsilon=10$；$\mu=20$

令主人解放奴隶时给他的钱为 x，奴力的赎金为 $a-x$，奴隶的财产减去奴隶的赎金为，$\alpha+x-a$

奴隶的财产－赎金－债务 $=\alpha+x-a-\varepsilon$

给陌生人的遗赠 $=\dfrac{1}{3}\left[\alpha+x-a-\varepsilon\right]$

剩余的财产 $=\dfrac{2}{3}\left[\alpha+x-a-\varepsilon\right]$

根据法律，主人和每个女儿分别有权得到 $\dfrac{1}{3}\times\dfrac{2}{3}\left[\alpha+x-a-\varepsilon\right]$

主人的继承人总共得到 $a-x+\dfrac{2}{9}\left[\alpha+x-a-\varepsilon\right]$ 或者 $\dfrac{7}{9}\left[a-x\right]+\dfrac{2}{9}\left(\alpha-\varepsilon\right)$

根据法则如果 1 被给定，则 2 成立，那么它应该等于 $2x$

但是作者指出确定 x 的方程是 $\dfrac{7}{9}\left[a-x\right]+\dfrac{2}{9}\left[\alpha-\varepsilon\right]-\mu=2x$

$\therefore x=\dfrac{1}{25}\left[7a+2\left[\alpha-\varepsilon\right]-9\mu\right]=108$

因此奴隶得到：

他欠下的债务 $\varepsilon=10$

＋给陌生人的遗赠 $=\dfrac{1}{25}\left[9\left[\alpha-\varepsilon\right]-6a-3\mu\right]=66$

＋第一个女儿继承的遗产 $=\dfrac{1}{25}\left[6\left[\alpha-\varepsilon\right]-4a-2\mu\right]=44$

＋第二个女儿继承的遗产 $=\dfrac{1}{25}\left[6\left[\alpha-\varepsilon\right]-4a-2\mu\right]=44$

总共 $=\dfrac{1}{25}\left[21\alpha+4\varepsilon-14a-7\mu\right]=164$

且主人得到 $\mu+2x=\dfrac{1}{25}\left[4a-4\varepsilon+14a-7\mu\right]=236$

如果奴隶去世时没有留下任何财产，他的赎金将会是 200

这里提到的他的赎金，不包括他的主人从他那继承来的，即 $a-x=192$

一百迪拉姆加上"物"。当然首先要从中减去债务，即十迪拉姆，差为九十迪拉姆加上"物"。他遗赠了其中的三分之一，即三十加上"物"的三分之一，所以继承人可以享有剩余的，即六十迪拉姆加上"物"的三分之二。两个女儿可以得到这其中的三分之二，即四十迪拉姆加上"物"的九分之四。因此主人的继承人会得到三百二十迪拉姆减去"物"的九分之七。从其中主人的债务必须被扣除，即二十迪拉姆，剩余三百迪拉姆减去"物"的九分之七。它是奴隶的遗赠，即"物"的两倍，即它等于两倍的"物"。进行化简，将"物"的九分之七移项并加上二倍的"物"，得到三百等于二又九分之七倍的"物"，"物"等于三百的二十五分之九，即一百零八，这即为给奴隶的遗赠。

　　如果他在病榻上解放了两个奴隶，每个价值三百迪拉姆，除此之外他别无财产。主人已经在他去世之前①预先花去了这个奴隶价值的三分之二，那么，鉴于这个奴隶已经支付了部分赎金，他的价值中还有三分之一属于他的主人。因此主人的全部遗产有两部分，一部分是没有支付任何赎金的奴隶的全部价值，另一部分是支付了部分赎金的奴隶的价值的三分之一，后者为一百迪拉姆，而前者为三百迪拉姆。它们的和的三分之一，即一百三十三又三分之一迪拉姆被分为两部分，因此每个奴隶会得到六十六又三分之二。第一个奴隶，即已经支付了三分之二赎金的那个，还应该支付三十三又三分之一——因为这一百中的六十六又三分之二作为遗赠属于他，而他必须归还这一百中剩余的部分。而第二个奴隶必须归还二百三十三又三分之一。

　　"假设一个人在病中解放了两个奴隶，其中一个价值三百迪拉姆，另一个价值五百迪拉姆，价值三百迪拉姆的奴隶死后，留下一个女儿，不久主人去世了，也留下了一个女儿。奴隶留下了相当于四百迪拉姆的财产，那么每个奴隶应该为

---

① 假设第一个奴隶只支付了他的原价的三分之二，而主人已经花去了这笔钱，那么这个奴隶只需要再支付原价的九分之二就可以凑齐他的赎金，即 $66\frac{2}{3}$。

假设第二个奴隶一点没有偿还原价，那么他将要支付原价的三分之二作为他的赎金，即200。

在正文描述的情形中，主人的继承人有权从两个奴隶处得到数目相等的两个数额的和，即 $266\frac{2}{3}$，根据相关法则，他们有权从两个奴隶处分别得到这些钱。但是和的支付是全然不同的。已经支付了赎金的三分之二的人只需要再支付他原价的九分之一，而没有支付赎金的奴隶将需要支付他原价的三分之二，再加上第一个奴隶原价的九分之一。

自己支付多少赎金呢？[①]"算法如下：令给第一个奴隶，即价值三百迪拉姆的遗赠为"物"，则他的赎金为三百减去"物"，给第二个奴隶，即价值五百迪拉姆的为一又三分之二"物"（他的价值是第一个奴隶的一又三分之二倍，第一个奴隶的赎金为"物"，则他必须支付一又三分之二倍的"物"的赎金）。价值三百迪拉姆的奴隶死去后，留下四百迪拉姆，从其中应该支付他的赎金，即三百迪拉姆减去"物"，那么他的继承人保有一百迪拉姆加上"物"。他的女儿得到其中的一半，即五十迪拉姆加上"物"的二分之一，其余的，即五十迪拉姆加上"物"的二分之一归主人的继承人所有，将其加到三百减去"物"上，和为三百五十减去"物"的一半，再加上另一个奴隶的赎金，即五百减去一又三分之二倍的"物"，那么主人的继承人将享有八百五十减去二又六分之一倍的"物"，而且它是给两个奴隶的遗赠的和，即二又三分之二倍的"物"的两倍。进行化简，得到八百五十等于七又二分之一倍的"物"。解方程，得到"物"等于一百一十三又三分之一迪拉姆。这是给价值为三百迪拉姆的奴隶的遗赠，给另一个奴隶的遗赠为其一又三分之二倍，即一百八十八又九分之八迪拉姆，而且他的赎金为三百一十一又九分之一迪拉姆。

　　"假设一个人在病中解放了两个奴隶，每个价值三百迪拉姆，不久其中一个

---

① 令第一个奴隶为 A.；他的原价为 a；他去世时拥有的财产为 α；令第二个奴隶为 B.，他的原价为 b。

令主人解放 A. 时给他的钱为 x，A. 的赎金为 $a-x$；他的财产减去他的赎金为 $\alpha-a+x$

A. 的女儿得到 $\frac{1}{2}[\alpha-a+x]$，且主人的继承人得到 $\frac{1}{2}[\alpha-a+x]$，因此主人从 A. 处总

共得到 $a-x+\frac{1}{2}[\alpha-a+x]=\frac{1}{2}[\alpha+a-x]$

B. 的赎金是 $b-\dfrac{b}{a}x$

主人的继承人从 A. 和 B. 处一共得到 $\frac{1}{2}[\alpha+a+2b]-\frac{1}{2a}[a+2b]x$，而这应该等于给

A. 与 B. 的遗赠和的两倍，即 $\frac{1}{2}[\alpha+a+2b]-\frac{1}{2a}[a+2b]x=2\dfrac{a+b}{a}x$。

$\therefore x=a\dfrac{\alpha+a+2b}{5a+6b}=\dfrac{1700}{15}=113\dfrac{1}{3}$

主人的继承人从 A. 处得到 $\dfrac{2a[\alpha+a+b]+3\alpha b}{5a+6b}=293\dfrac{1}{3}$，A. 的女儿得到

$[\alpha+b]\dfrac{3a-2a}{5a+6b}=800\times\dfrac{600}{4500}=106\dfrac{2}{3}$；给 B. 的遗赠为 $b\dfrac{\alpha+a+2b}{5a+6b}=188\dfrac{8}{9}$，他的赎金是

$b\dfrac{4a+4b-\alpha}{5a+6b}=311\dfrac{1}{9}$；主人的继承人从 A. 和 B. 处总共得到 $2[\alpha+b]\dfrac{\alpha+a+2b}{5a+6b}=604\dfrac{4}{9}$

死去了，留下五百迪拉姆与一个女儿，而主人留下一个儿子"。算法是①：令给每个奴隶的遗赠为"物"，那么每个人的赎金为三百减去"物"。从病逝的奴隶留下的遗产，即五百迪拉姆中减去他的赎金，即三百减去"物"，差为二百加上"物"，这其中的一百加上"物"的二分之一，按照继承法的规定要归还给主人。所以主人的继承人保有四百迪拉姆减去"物"的二分之一。再取另一个奴隶的赎金，即三百迪拉姆减去"物"，那么主人的继承人得到七百迪拉姆减去一又二分之一倍的"物"。这等于两份遗赠的和，即二倍的"物"的两倍，即四倍的"物"。进行化简，减去一又二分之一倍的"物"，得到七百迪拉姆等于五又二分之一倍的"物"，解方程，"物"等于一百二十七又十一分之三迪拉姆。

"假设一个人在病中解放了一个奴隶，他价值三百迪拉姆，但是已经向他的主人付清了二百迪拉姆，这些钱被后者花掉了，不久奴隶在主人去世之前死去，

---

① 令第一个奴隶为 A.；他的原价为 a；他拥有的财产为 α，他留下一个女儿；第二个奴隶为 B.，他的原价为 b。

那么，A. 的女儿得到 $\frac{1}{2}[\alpha-a+x]$，且 $x=a\frac{\alpha+a+2b}{5a+6b}$。

女儿得到 $[a+b]\frac{3\alpha-2a}{5a+6b}$，主人从 A. 处得到 $\frac{2a[\alpha+a+b]+3\alpha b}{5a+6b}$，且主人从 A. 和 B. 处

总共得到 $2[a+b]\frac{\alpha+a+2b}{5a+6b}$

但如果，$b=a$，$x=\frac{1}{11}[\alpha+3a]=127\frac{3}{11}$

女儿得到 $\frac{2}{11}[3\alpha-2a]=163\frac{7}{11}$

主人从 A. 处得到 $\frac{1}{11}[5\alpha+4a]=336\frac{4}{11}$

主人从 B. 处得到 $\frac{1}{11}[8a-\alpha]=172\frac{8}{11}$

主人从 A. 和 B. 处总共得到 $\frac{4}{11}[\alpha+3a]=509\frac{1}{11}$

如果 $b=0$

女儿得到 $\frac{1}{5}[3\alpha-2a]$

主人得到 $\frac{2}{5}[\alpha+a]$。

留下一个女儿与三百迪拉姆。[①]" 算法：取奴隶留下的财产，即三百迪拉姆，然后加上被主人花去的二百迪拉姆，总共有五百迪拉姆，从中减去赎金，即三百迪拉姆减去"物"[因为设定给他的遗赠为"物"]，差为二百迪拉姆加上"物"。[奴隶的] 女儿得到这其中的一半，即一百迪拉姆加上"物"的一半。而根据继承法，另一半，即同样是一百迪拉姆加上"物"的一半，需要归还给主人的继承人。而在三百迪拉姆减去"物"中，因为主人已经花费了其中的二百迪拉姆，因此他的继承人只能得到一百迪拉姆减去"物"，在减去已经花费的二百迪拉姆之后，剩余给继承人的是二百迪拉姆减去"物"的一半，它等于奴隶得到的遗赠的二倍。或者，它的一半，一百迪拉姆减去"物"的四分之一，等于给奴隶的遗赠，即"物"。从这其中减去"物"的四分之一，就有一百迪拉姆等于一又四分之一倍的"物"，"物"为其五分之四，即八十迪拉姆。这是遗赠，而赎金是二百二十迪拉姆，加上奴隶的财产，即三百迪拉姆，和为五百迪拉姆。主人得到的赎金为二百二十迪拉姆，剩余的二百八十迪拉姆的一半，即一百四十迪拉姆是留给女儿的，从奴隶的财产，即三百迪拉姆中支付之后，剩余的一百六十迪拉姆交给主人的继承人，且这是给奴隶的遗赠，即"物"的两倍。

"假设一个人在病中解放了一个奴隶，他价值三百迪拉姆，但是已经预先交给主人五百迪拉姆，不久奴隶在主人之前死去，留下了一千迪拉姆与一个女儿，

---

① 奴隶 A. 在他的主人之前去世，留下了一个女儿。他的原价为 a，他偿还了部分赎金 $\bar{a}$，但主人已经将这笔钱花去了，他留下的遗产为 α。

那么女儿得到 $\frac{1}{2}[\alpha+\bar{a}-a+x]$

主人一共得到 $\frac{1}{2}[\alpha+\bar{a}+a-x]$

主人的继承人得到 $\frac{1}{2}[\alpha-\bar{a}+a-x]$

且 $\frac{1}{2}[\alpha-\bar{a}+a-x]=2x$；$\therefore x=\frac{1}{5}[\alpha-\bar{a}+a]$

那么女儿得到 $\frac{1}{5}[3\alpha+2\bar{a}-2a]=140$

主人的继承人得到 $\frac{1}{5}[2\alpha-2\bar{a}+2a]=160$

主人总共得到 $\frac{1}{5}[2\alpha+3\bar{a}+2a]=360$

如果奴隶没有预先还款，或者主人没有花掉赎金 $\bar{a}$，那么女儿将会得到

$\frac{1}{5}[3\alpha+2\bar{a}-2a]=60$，主人将会得到 $\frac{1}{5}[2\alpha+3\bar{a}+2a]=240$。

而主人欠下了两百迪拉姆的债务"①。算法：取奴隶的遗产，即一千迪拉姆，加上主人已经花掉的五百迪拉姆，这其中应该扣除赎金三百迪拉姆减去"物"，剩余一千二百迪拉姆加上"物"。它的一半属于［奴隶的］女儿，即六百迪拉姆加上"物"的二分之一。从奴隶留下的财产，即一千迪拉姆中减去它，差为四百迪拉姆减去"物"的二分之一。在这其中减去主人的债务，即二百迪拉姆，剩余二百迪拉姆减去"物"的二分之一，它等于［给奴隶的］遗赠，即"物"的二倍，也就是二倍的"物"。进行化简，将"物"的二分之一移项，就有二百迪拉姆等于二又二分之一倍的"物"。解方程，得到"物"等于八十迪拉姆，这是遗赠。现在将奴隶留下的遗产与他预先交给主人的数额相加，得到一千五百迪拉姆，再减去二百二十迪拉姆，差为一千二百八十迪拉姆。女儿得到这其中的一半，即六百四十迪拉姆。从奴隶留下的财产，即一千迪拉姆中减去它，剩下三百六十迪拉姆，再从其中减去主人的债务，即二百迪拉姆，剩余一百六十迪拉姆。这由主人的继承人继承，而它是给奴隶的遗赠，即"物"的两倍。

"假设一个人在病床上解放了一个奴隶，价值五百迪拉姆，但他已经付给了他［主人］六百迪拉姆。主人花光了这笔钱，并欠下了三百迪拉姆的债务，现在奴隶死去了，留下了他的母亲和他的主人，以及一千七百五十迪拉姆的遗产和二

---

① A. 的原价为 a，他预先还给主人部分赎金 $\bar{a}$，留下的遗产为 α。他在主人之前去世，并留下了一个女儿。

主人的债务为 μ，在 A. 被解放时得到的馈赠为 x；赎金为 $a-x$，女儿得到 $\frac{1}{2}\left[\alpha+\bar{a}-a+x\right]$。

那么留给主人的为 $\alpha-\frac{1}{2}\left[\alpha+\bar{a}-a+x\right]$，而在付清债务后留给他的是

$\alpha-\frac{1}{2}\left[\alpha+\bar{a}-a+x\right]-\mu$，它等于 $2x$

因此 $x=\frac{1}{5}\left[\alpha-\bar{a}+a-2\mu\right]$

那么女儿得到 $\frac{1}{5}\left[3\alpha+2\bar{a}-2a-\mu\right]=640$

包括债务在内主人得到 $\frac{1}{5}\left[2\alpha-2\bar{a}+2a+\mu\right]=360$

不包括债务在内主人得到 $\frac{1}{5}\left[2\alpha-2\bar{a}+2a-4\mu\right]=160$

如果按照给出的例子，那么应该有 $x=\frac{1}{5}\left[\alpha-\bar{a}+a-2\mu\right]$

女儿的份额为 $\frac{1}{5}\left[3\alpha+2\bar{a}-2a-\mu\right]$

百迪拉姆的债务"。算法①：取奴隶留下的财产，即一千七百五十迪拉姆，加上他事先交给主人的数额，即六百迪拉姆，和为二千三百五十迪拉姆。从其中减去债务，即二百迪拉姆，以及赎金，即五百迪拉姆减去"物"（设定给奴隶的遗赠为"物"），那么剩余一千六百五十迪拉姆加上"物"，母亲得到其中的三分之一，即五百五十迪拉姆及加上"物"的三分之一。从奴隶留下的财产，即一千七百五十迪拉姆中减去母亲继承的数额与所欠的债务，即二百迪拉姆，余下一千迪拉姆减去"物"的三分之一，再从这其中减去主人的债务，剩余七百迪拉姆减去"物"的三分之一。这是给奴隶的遗赠，即"物"的两倍。将［前者］取半，得到三百五十迪拉姆减去"物"的六分之一等于"物"。进行化简，将"物"的六分之一移项，这样有三百五十迪拉姆等于"物"的一又六分之一。那么，"物"等于三百五十的七分之六，即三百迪拉姆，这就是遗赠。现在将奴隶留下的财产与主人花掉的钱数相加，和为两千三百五十迪拉姆，从其中减去债务，即二百迪拉姆，再减去赎金——它等于奴隶的价值减去给他的遗赠，即二百迪拉姆，总共剩余一千九百五十迪拉姆，母亲得到其中的三分之一，即六百五十迪拉姆。从奴隶留下的财产，即一千七百五十迪拉姆中减去它和债务，剩余九百迪拉姆，再从其中减去主人的债务，即三百迪拉姆，余下六百迪拉姆，它是给奴隶的遗赠的二倍。

"假设某人在病中解放了一个奴隶，价值三百迪拉姆，不久奴隶死去了，留下一个女儿与三百迪拉姆，之后女儿也去世了，留下她的丈夫与三百迪拉姆，随

---

① A. 在主人之前去世，并留下了他的母亲。他的原价为 a，已经支付的部分赎金 $\bar{a}$ 被主人用掉了，留下的遗产为 α。他欠下的债务为 ε，主人的债务为 μ。

属于母亲的为 $\dfrac{1}{3}\left[\alpha+\bar{a}-a+x-\varepsilon\right]$

属于主人的为 $\alpha-\dfrac{1}{3}\left[\alpha+\bar{a}-a+x-\varepsilon\right]-\varepsilon$

在偿还债务后，属于主人的为 $\alpha-\dfrac{1}{3}\left[\alpha+\bar{a}-a+x-\varepsilon\right]-\varepsilon-\mu=2x$

因此，$x=\dfrac{1}{7}\left[2\alpha-\bar{a}+a-2\varepsilon-3\mu\right]=300$

母亲得到 $\dfrac{1}{7}\left[3\alpha+2\bar{a}-2a-3\varepsilon-\mu\right]=650$

不包括 μ，主人得到 $\dfrac{1}{7}\left[4\alpha-2\bar{a}+2a-4\varepsilon-6\mu\right]=600$

包括 μ，主人得到 $\dfrac{1}{7}\left[4\alpha-2\bar{a}+2a-4\varepsilon+\mu\right]=900$

不包括 ε，A. 得到 $\dfrac{1}{7}\left[3\alpha+2\bar{a}-2a+4\varepsilon-\mu\right]=850$

后主人也去世了。"算法是①：取奴隶留下的财产，即三百迪拉姆，从中减去赎金，即三百减去"物"，差为"物"。其中的一半属于他的女儿，而另一半要返还给主人，将主人继承的数额，加上她留下的遗产，即三百迪拉姆，和为三百迪拉姆加上"物"的一半，丈夫得到其中的二分之一，另一半也要返还给主人，即一百五十迪拉姆加上"物"的四分之一，这样主人一共得到四百五十减去"物"的四分之一，这是［给奴隶的］遗赠的二倍，或者说［前者的］二分之一等于遗赠的本身，即二百二十五迪拉姆减去"物"的八分之一等于"物"。进行化简，将"物"的八分之一移项，再加上"物"，这样有二百二十五等于一又八分之一倍的"物"。解方程，"物"等于二百二十五的九分之八，即二百迪拉姆。

"假设某人在病中解放了一个奴隶，价值三百迪拉姆，不久奴隶死去了，留下一个女儿与五百迪拉姆，并将他财产的三分之一遗赠给别人。之后女儿也去世

---

① A. 在被主人解放后不久便去世了，留下一个女儿，她死后留下丈夫，之后主人去世了。

A. 的原价为 a，他的遗产为 α，从主人那得到的馈赠为 x

女儿的遗产为 δ

A. 的赎金为 $a-x$，女儿继承了 $\frac{1}{2}\left[\alpha-a+x\right]$，且 $\frac{1}{2}\left[\alpha-a+x\right]$ 属于主人。

女儿的丈夫得到 $\frac{1}{2}\left[\delta+\frac{1}{2}\left(\alpha-a+x\right)\right]$，而 $\frac{1}{2}\left[\delta+\frac{1}{2}\left(\alpha-a+x\right)\right]$ 也要属于主人。

因此，根据作者的思路，我们应该使得

$$a-x+\frac{1}{2}\left[\alpha-a+x\right]+\frac{1}{2}\left[\delta+\frac{1}{2}\left(\alpha-a+x\right)\right]=2x$$

$$\therefore x=\frac{1}{9}\left[3\alpha+a+2\delta\right]=200$$

女儿的份额为 $\frac{1}{9}\left[6\alpha-4a+\delta\right]=100$

丈夫的份额为 $\frac{1}{9}\left[3\alpha-2a+5\delta\right]=200$

主人的份额为 $\frac{1}{9}\left[2\alpha+6a+4\delta\right]=400$

了，留下她的母亲与三百迪拉姆，并将财产的三分之一遗赠给别人"。算法^①：从奴隶留下的财产中减去他的赎金，即三百迪拉姆减去"物"，剩余二百迪拉姆加上"物"。他将财产中的三分之一遗赠给别人，即六十六又三分之二迪拉姆加上"物"的三分之一。而根据继承法，其余的两份六十六又三分之二迪拉姆加上"物"的三分之一，一份要归还主人，一份属于他的女儿，再加上女儿留下的财产，即三百迪拉姆，和为三百六十六又三分之二迪拉姆加上"物"的三分之一。她遗赠出财产的三分之一，即一百二十二又九分之二迪拉姆加上"物"的九分之一，则剩余二百四十四又九分之四迪拉姆加上"物"的九分之二。她的母亲得到这其中的三分之一，即八十一迪拉姆加上一迪拉姆的九分之四再加上它的九分之一的三分之一，再加上"物"的九分之一的三分之二。其余部分归主人所有，即一百六十二迪拉姆加上一迪拉姆的九分之八再加上它的九分之一的三分之二，加上"物"的九分之一再加上它的三分之一的九分之一，这是他继承的份额。另外

---

① A. 被解放后就去世了，留下一个女儿，并将他三分之一的遗产赠给了一个陌生人

女儿去世后，留下她的母亲，并也将她三分之一的遗产赠给陌生人

A. 的原价为 a，他的遗产为 α。

女儿的遗产为 δ

A. 的赎金为 $a-x$，$\alpha-a+x$ 为扣除赎金后他剩下的财产。$\frac{1}{3}[\alpha-a+x]$ 赠给了陌生人，

给女儿和主人的也是同样数目。

女儿留下的财产为 $\frac{1}{3}[3\delta+\alpha-a+x]$

女儿遗赠给陌生人的为 $\frac{1}{9}[3\delta+\alpha-a+x]$

剩下的财产为 $\frac{2}{9}[3\delta+\alpha-a+x]$

其中的 $\frac{2}{27}[3\delta+\alpha-a+x]$ 属于她的母亲，$\frac{4}{27}[3\delta+\alpha-a+x]$ 属于主人。

因此，根据作者的思路，我们应该使得

$a-x+\frac{1}{3}[\alpha-a+x]+\frac{4}{27}[3\delta+\alpha-a+x]=2x$

那么，$x=\frac{1}{68}[13\alpha+14a+12\delta]=210\frac{5}{17}$

女儿的份额为 $\frac{1}{68}[27\alpha-18a+4\delta]=136\frac{13}{17}$

女儿的遗赠为 $\frac{1}{68}[9\alpha-6a+24\delta]=145\frac{10}{17}$

母亲的份额为 $\frac{2}{68}[3\alpha-2a+8\delta]=97\frac{1}{17}$

主人的份额为 $\frac{2}{68}[13\alpha+14a+12\delta]=420\frac{10}{17}$

由于奴隶的赎金为三百迪拉姆减去"物"，且当奴隶死后主人可以得到六十六又三分之二迪拉姆加上三分之一倍的"物"。因此主人的继承人会得到五百二十九又二十七分之十七迪拉姆，减去"物"的九分之四与它的九分之一的三分之二的和，等于［给奴隶的］遗赠，即"物"的两倍。将其取半，就有二百六十四又二十七分之二十二迪拉姆减去"物"的二十七分之七［等于"物"］。进行化简，将"物"的二十七分之七加上"物"，得到二百六十四又二十七分之二十二迪拉姆等于一又二十七分之七倍的"物"。通过减去［一又二十七分之七倍的"物"的］三十四分之七，使它变为一个"物"，则得到"物"等于二百一十又十七分之五迪拉姆，这就是遗赠。

"假设一个人在病中解放了一个奴隶，价值一百迪拉姆，并送给另一个人价值为五百迪拉姆的女奴，她的嫁妆为一百迪拉姆，而且受赠者与她同居。"阿布•哈尼法（Abu. Hanifah）认为："解放是更为重要的行为，应首先考虑。"

算法[①]：取女奴的价值，即五百迪拉姆，记得奴隶的价值为一百迪拉姆。令给受赠者的遗赠为"物"。因为价值一百迪拉姆的奴隶已经被解放，馈赠者也将"物"赠与了受赠者，加上嫁妆，即一百迪拉姆减去"物"的五分之一，那么继承人手中有六百迪拉姆减去一又五分之一倍的"物"，这是一百迪拉姆加上"物"的和的两倍。它的一半等于给两人的遗赠，即三百减去"物"的五分之三。进行化简，将"物"的五分之三从三百处移项并加到"物"上，得到三百迪拉姆等于一又五分之三倍的"物"加上一百迪拉姆。从三百迪拉姆中减去一百迪拉姆，剩余二百迪拉姆等于一又五分之三倍的"物"。用此建立方程，"物"应该等于该数的八分之五。于是取二百的八分之五，得到一百二十五，这就是"物"，也是给被赠与女奴的人的遗赠。

---

① 女奴的价值为 a，被解放时得到的馈赠为 x，她的赎金为 $a-x$

如果她的嫁妆为 α，那么得到她的人同时得到 $\alpha+x$

于是，根据作者的思路，我们应该使得 $a-x=2[\alpha+x]$，因此 $x=\dfrac{a-2\alpha}{3}$，而她的赎金是 $\dfrac{2}{3}[\alpha+x]$。

但是，如果一个主人同时解放了一个男性奴隶，那么接受他的人必须支付他的赎金。如果他的价值为 b，那么他的赎金为 $b-\dfrac{b}{a}x$

因此，根据作者的思路，我们应该将这两笔赎金相加，即

$a-x+b-\dfrac{b}{a}x=2[\alpha+x]$，$\therefore a+b-2\alpha=\left[3+\dfrac{b}{a}\right]x$，$\therefore x=a\dfrac{a+b-2\alpha}{3a+b}=125$。

受赠者为女奴付出的赎金为 $(a-x)=375$

为男奴隶付出的赎金为 $b-\dfrac{b}{a}x=75$

"假设一个人解放了一个价值一百迪拉姆的奴隶，并送给另一个人价值为五百迪拉姆的女奴，她的嫁妆为一百迪拉姆，而且受赠者与她同居；馈赠者还赠与另一个人他的财产的三分之一"。

根据阿布·哈尼法（Abu. Hanifah）的决定，不能从女奴的第一个主人处拿走超过他财产的三分之一，而且这三分之一应该在馈赠者和受赠者之间平均分成两份。算法是①：取女奴的价值，即五百迪拉姆，设从中支付的遗赠为"物"，因此继承人们可以保有五百迪拉姆减去"物"，且嫁妆为一百迪拉姆减去"物"的五分之一，故而继承人们能够得到六百迪拉姆减去一又五分之一倍的"物"。他又赠给另一个人财产的三分之一，这应该与接受女奴的人得到的遗赠，即"物"相等。因此，留给继承人的为六百减去二又五分之一倍的"物"，这等于给他们的遗赠的和的两倍，即奴隶的价值加上作为遗赠的两倍的"物"。将其取半，则它本身等于两份遗赠的和：即三百减去一又十分之一倍的"物"。通过对一又十分之一倍的"物"进行移项化简，则有三百等于三又十分之一倍的"物"加上一百迪拉姆。在三百中消去（另一侧的）一百，剩余二百等于三又十分之一倍的"物"。进一步化简，"物"应该等于二百迪拉姆的三十一分之一，也就是二百中需要支出的遗赠的数目，即为六十四又三十一分之十六迪拉姆。

"假设一个人解放了一个价值一百迪拉姆的女奴，并送给另一个人价值为五百迪拉姆的女奴，受赠者与她同居，且她的嫁妆为一百迪拉姆；馈赠者还赠与另一个人他的财产的四分之一。"阿布·哈尼法（Abu. Hanifah）认为：女奴的主人不得被要求放弃超过三分之一的财产，而接受四分之一财产的受赠者，必须放弃四分之一。算法是②：女奴价值五百迪拉姆，设从这其中支付的遗赠为"物"，则剩余五百迪拉姆减去"物"，嫁妆是一百迪拉姆减去"物"的五分之一，那么继承人们得到六百减去一又五分之一倍的"物"。再减去给被赠与四分之一财产的人的遗赠，即"物"的四分之三。因为如果三分之一为"物"，那么四分之一就是"物"的四分之三。

这样就剩余六百迪拉姆减去一又四十分之三十八倍的"物"，等于两倍的遗赠。因此它的一半等于遗赠，即三百迪拉姆减去"物"的四十分之三十九。对后面的分数进行化简，这样有三百迪拉姆等于一百迪拉姆加上二又四十分之二十九

---

① 同样的概念在上一个例题中也被使用，根据作者的思路，决定 x 的方程 $a-x+b-\dfrac{b}{a}x-x=2\,[a+2x]$；$\therefore x=\dfrac{a}{6a+b}\,[a+b-2a]=64\dfrac{16}{31}$

② 同样的概念在之前的两个例子中也被采用，根据作者的思路，决定 x 的方程为，
$a-x+b-\dfrac{b}{a}x-\dfrac{3}{4}x=2\,[a+1\dfrac{3}{4}x]$，$x=\dfrac{4a}{21a+4b}\,[a+b-2a]=73\dfrac{43}{109}$

倍的"物"。将这个一百迪拉姆用另一个一百消去,得到二百迪拉姆等于二又四十分之二十九倍的"物"。列方程,就能得出"物"等于七十三又一百零九分之四十三迪拉姆。

归还嫁妆问题

一个人,在病危时送给某个人一名女奴,除此之外他别无财产,不久他便死去了,这名女奴值三百迪拉姆,且她的嫁妆为一百迪拉姆,接收她的那个人与她同居。算法[①]:设给被赠予女奴的那个人的遗赠为"物",从馈赠(即女奴的价值)中减去它,剩余三百减去"物",这个差的三分之一要作为嫁妆归还给馈赠者(因为嫁妆是她的价值的三分之一),即为一百迪拉姆减去"物"的三分之一。因此,馈赠者的继承人会得到四百迪拉姆减去一又三分之二倍的"物",它等于遗赠,即"物"的两倍,即二倍的"物",将一又三分之二倍的"物"移项并加上二倍的"物",这样就有四百等于三又三分之一倍的"物",因此"物"等于它的十分之三,即一百二十迪拉姆,这即为遗赠。

"或者,假设他在病中,将一名价值三百迪拉姆的女奴作为礼物送给别人,她的嫁妆为一百迪拉姆,在与她同居后,馈赠者去世了。"算法是[②]:令遗赠为"物",则差为三百减去"物",馈赠者与她同居过,那么嫁妆,即遗赠的三分之一(因为嫁妆是她的价值的三分之一)应该归他所有,即"物"的三分之一,那么馈赠者的继承人保有三百减去"物"的三分之一,且这是遗赠,即"物"的两倍,即等于二倍的"物"。将一又三分之一倍的"物"移项并加到二倍的"物"上,就有三百等于三又三分之一倍的"物",因此"物"是它的十分之三,即九十迪拉姆,这就是遗赠。

---

① 令 a 为女奴的原价,$-\alpha$ 是她的嫁妆,那么根据作者的思路,我们应该使得 $a-x+\alpha-\dfrac{\alpha}{a}x=2x$,那么,$x=\dfrac{a}{3a+\alpha}[a+\alpha]=\dfrac{3}{10}\times400=120$

得到女奴的受赠者要得到女奴价值 400 的嫁妆,需要支付 280。

② 如果馈赠者与女奴曾同居过,那么他的继承人将可以保有嫁妆,但是必须满足受赠者除了得到遗赠 x 外,还要得到 $\dfrac{\alpha}{a}x$,那么根据作者的思路,赎金为 $a-x-\dfrac{\alpha}{a}x$,它应该等于 $2x$。因此 $x=\dfrac{a^2}{3x+\alpha}=90$,受赠者可以得到价值 300 的女奴,需要支付 210。

　　如果在相同的情况下，馈赠者与受赠者都与她同居过，那么算法是①：令遗赠为"物"，差为三百迪拉姆减去"物"。因为受赠者与她同居，所以馈赠者收回了给受赠者嫁妆的三分之一，即"物"的三分之一。受赠者收回了差的三分之一，即一百迪拉姆减去"物"的三分之一，因此馈赠者的继承人得到四百迪拉姆减去一又三分之二倍的"物"，它是遗赠的两倍。进行化简，把一又三分之二倍的"物"从四百迪拉姆处分离出来，并与二倍的"物"相加，这样就有四百迪拉姆等于三又三分之二倍的"物"。"物"是四百的十一分之三，即一百零九又十一分之一迪拉姆，它就是遗赠。差为一百九十又十一分之十迪拉姆，根据阿布·哈尼法的说法，称遗赠为"物"，而得到的嫁妆与遗赠是相同的。

　　如果情况是相同的，但是馈赠者与她同居后，将他财产的三分之一赠给了别人。阿布·哈尼法认为：这三分之一应该是在接受女奴的人与接受遗赠的人之间平分。算法是②：令给接受女奴的人的遗赠为"物"，做减法之后，差为三百减去"物"；而后减去嫁妆，即"物"的三分之一，那么馈赠者有三百减去一又三分之一倍的"物"。根据阿布·哈尼法所述，给受赠者的遗赠是一又三分之一倍的"物"；而根据其他的律师所述，是"物"。被遗赠财产三分之一的人与另一个受赠者都得到同样的财产，即一又三分之一倍的"物"，那么馈赠者保有三百减二又三分之二倍的"物"，它等于两倍的两项遗赠的和，即二又三分之二倍的"物"。取半，即有一百五十减去一又三分之一倍的"物"等于两项遗赠。进行化简，将一又三分之一倍的"物"移项并加上两倍的遗赠，这样有一百五十等于四

---

①　如果馈赠者从前与女奴同居过，那么就同上一道例题一样，受赠者可以用 $a-x-\dfrac{\alpha}{a}x$ 的赎金得到她。

如果受赠者与女奴同居，这种情形在前一个例题中也出现过一次，那么他有权得到嫁妆 α 中的 $\alpha-\dfrac{\alpha}{a}x$

因此女奴与她的嫁妆总共的赎金为 $a-x-\dfrac{\alpha}{a}x+\alpha-\dfrac{\alpha}{a}x$，而按照作者的思路，它等于 $2x$

即 $a+\alpha-\dfrac{a+2\alpha}{a}x=2x$，所以 $x=\dfrac{a}{3a+2\alpha}\times[a+\alpha]=109\dfrac{1}{11}$

受赠者得到总价值 400 的女奴和她的嫁妆，需要支付 $290\dfrac{10}{11}$

②　这里提到的第二种情形是用不同的方法解答的

$a-x-\dfrac{\alpha}{a}x=2\left[x+\dfrac{\alpha}{a}x\right]$；$\therefore x=\dfrac{a^2}{3[a+\alpha]}$

这在馈赠者和受赠者间均分，得到 $\dfrac{a^2}{6[a+\alpha]}=37\dfrac{1}{2}$

受赠者得到价值为三百的女奴，需要支付 $262\dfrac{1}{2}$。

倍"物","物"是它的四分之一,即三十七又二分之一。

如果情况是:接受[女奴]者与馈赠者都曾与她同居过,且后者将他财产的三分之一遗赠给别人,那么算法是①:根据阿布·哈尼法的说法,令给[接受女奴的人的]遗赠为"物",从馈赠[即女奴的价值]中减去它,剩余三百减去"物",然后取嫁妆,即一百减去"物"的三分之一,因此有四百迪拉姆减去"物"的三分之一。嫁妆中被归还的部分为"物"的三分之一,而接受遗产的三分之一的人首先得到那份遗赠,即一又三分之一倍的"物",这样剩余的四百迪拉姆减去三倍的"物",等于二倍的遗赠,即二又三分之二倍的"物"。进行化简,将三倍的"物"移项,就有四百等于八又三分之一倍的"物",解方程,"物"等于四十八迪拉姆。

"假设一个人在病床上将一个女奴送给别人,她价值三百迪拉姆,她的嫁妆有一百迪拉姆。受赠者与她同居后不久也病倒了,病中将她送还给馈赠者,且后者也与她同居。那么,他应该由她而获得多少?损失多少?"② 算法是:取定[女奴的]价值,即三百迪拉姆,从其中扣去遗赠"物",剩余的就是馈赠的继承人所有的部分三百减去"物",而受赠者得到"物"。受赠者归还馈赠者"部分物",因此,受赠者只剩"物"减去"部分物"。他归还给馈赠者一百迪拉姆减去"物"的三分之一,因此他保有一又三分之二倍的"物"减去一百迪拉姆再减去一又三分之一倍的"部分物",它是"部分物"的两倍。它的一半即物"部分物",即等于"物"的六分之五减去五十迪拉姆减去"部分物"的三分之二。将三分之二倍的"部分物"和五十迪拉姆移项,得到六分之五倍的"物"等于一又

---

① 根据作者的法则,尽管是它完全任意的

$$a-2x+a-\frac{3\alpha}{a}x=4\left[1+\frac{\alpha}{a}\right]x;因此 x=a\frac{a+\alpha}{6a+7\alpha}=48$$

受赠者为价值 400 的女奴和她的嫁妆所付的赎金为 352。

② 这是这本书中唯一的一个带有两个未知量的简单方程。受赠者得到的是一个未知量,而馈赠者从受赠者处收回的量,即被作者称为"部分物"的是另一个未知量。

令受赠者得到的为 x,馈赠者得到的为 y,那么遵循和前面同样的定义,按照作者的思路,受赠者总共得到 $x-y-\left[\alpha-\frac{\alpha}{a}x\right]+\frac{\alpha}{a}\left[x-y\right]=2y$

而馈赠者总共得到 $a-x+y+\left[\alpha-\frac{\alpha}{a}x\right]-\frac{\alpha}{a}\left[x-y\right]=2\left[x+\frac{\alpha}{a}\left[x-y\right]\right]$

因此,$x=\frac{1}{2}\frac{a}{4a^2+5a\alpha-\alpha^2}\left[3a^2+3a\alpha-2\alpha^2\right]=102$

$y=\frac{1}{2}\frac{a}{4a^2+5a\alpha-\alpha^2}\left[a^2-2\alpha^2\right]=21$

但是,作者并没有给出将问题化为这两个方程的理由,看来似乎根据的是阿拉伯法律权威的论断。

三分之二倍的"部分物"加上五十迪拉姆。将其化简为一个"部分物"，以求得它的值，这可以通过将所有项取五分之三来实现。这样，"部分物"加上三十迪拉姆等于"物"的一半，即"物"的一半减去三十迪拉姆等于"部分物"。它就是受赠者要归还给馈赠者的遗赠，先记下这点。

下面回到馈赠者的所得。它是三百减去"物"然后加上"部分物"，或者说加上"物"的一半减去三十迪拉姆。这样他就得到二百七十减去"物"的一半。他还可以得到嫁妆，即一百迪拉姆减去"物"的三分之一，但也必须归还部分嫁妆，即从"物"中减去"部分物"的差的三分之一，即"物"的六分之一减去十迪拉姆。那么，他共得到三百六十迪拉姆减去"物"，这是他要归还的"物"与嫁妆的和的两倍。取半，则有一百八十迪拉姆减去"物"的一半等于"物"加上那份嫁妆。进行化简，将"物"的一半移项并加到"物"与嫁妆的和上，有一百八十迪拉姆等于一又二分之一倍的"物"，加上他归还的嫁妆，即"物"的六分之一加上十迪拉姆。将十迪拉姆消去，剩余一百七十迪拉姆等于一又三分之二倍的"物"，化简以便求得"物"的值。取所有项的五分之三，就会得到一百零二等于"物"，即为馈赠者给受赠者的遗赠，而受赠者给馈赠者的遗赠是它的一半减去三十迪拉姆，即二十一迪拉姆。

疾 中 典 当

"假设一个人在病榻上交给某人一个价值十迪拉姆的装粮食的容器，里面装有三十迪拉姆。不久后他病逝了，得到遗赠的人除了归还给逝者的继承人那个容器之外，还归还了十迪拉姆。"算法：他归还了价值为十迪拉姆的容器，占有逝者的钱数为二十迪拉姆。设从他占有的钱数总和中支出的遗赠为"物"，那么，继承者们得到二十减去"物"以及那个容器。这些的总和等于三十减去"物"，它与二倍的"物"——或者说二倍的遗赠相等。进行化简，将"物"从三十处分离出来，将其加在二倍的"物"上，那么三十等于三倍的"物"，因此，"物"一定等于它（指三十）的三分之一，即十。这也是［受赠人］从他归还给逝者的钱中能得到的。

"假设某人在病床上交给一个人价值五十迪拉姆的一个容器，其中有二十迪拉姆；不久后他又取消了这项馈赠，之后便死去了。在这种情况下，受赠者必须归还这个容器［价值］的九分之四以及十一又九分之一迪拉姆。"① 算法：你知道，这个容器的价值是馈赠给受赠者的现金的二又二分之一倍；那么，当受赠者归还现金时，他也同时要归还相当于钱数二又二分之一的容器的那一部分。设归还的现金为"物"，那么相应的应该归还的容器的那部分为二又二分之一倍的"物"，再将它加到二十迪拉姆中剩余的部分，即二十减去"物"上，那么，死者的继承人们可以得到二十迪拉姆加上一又二分之一倍的"物"。这其中的一半是遗赠，即十迪拉姆加上"物"的四分之三；而这也是遗产的三分之一，即十六又三分之二迪拉姆，在其中消去另一侧的十迪拉姆，剩余六又三分之二迪拉姆等于"物"的四分之三。使得"物"完整，即在其上加上自身的三分之一，并在六又三分之二上加上它的三分之一，即二又九分之二迪拉姆；它等于八又九分之八迪拉姆，亦等于"物"。注意八又九分之八迪拉姆在总遗产，即二十迪拉姆中占有多少份额，你可以发现它占了总遗产的九分之四。现在取这个容器的九分之四与二十（迪拉姆）的九分之五。这个容器价值的九分之四是二十二又九分之二迪拉姆，而二十（迪拉姆）的九分之五是十一又九分之一（迪拉姆）。因此继承者们得到三十三又三分之一迪拉姆，即五十迪拉姆的三分之二。

---

① 设钱数为 a，容器的价值是 $m \times a$

从上下文中可以看出，受赠者付给继承人。

这笔钱他如何在现金和容器之间分配是任意的。

如果他付出的现金部分为 pa

付出的容器的部分为 qma

我们就得到方程 $pa + qma = \dfrac{2}{3} ma$

或者说 $p + qm = \dfrac{2}{3} m$

作者假设 $p = \dfrac{m}{2} q$

当 $q = \dfrac{4}{9}$，且 $p = \dfrac{5}{9}$

因此受赠者支付的现金为 $\dfrac{5}{9} a = 11 \dfrac{1}{9}$

支付容器的那部分为 $\dfrac{4}{9} ma = 22 \dfrac{2}{9}$

总计 $33 \dfrac{1}{3}$

参 考 文 献

[1] 高鸿钧．2004．伊斯兰法：传统与现代化．北京：清华大学出版社

[2] ［英］库尔森著．吴云贵译．1986．伊斯兰教法律史．北京：中国社会科学出版社

[3] 刘天明．2001．伊斯兰经济思想．银川：宁夏人民出版社

[4] 王建平．2001．论中亚地区历史上的瓦克夫问题．世界宗教研究：2001 年第 2 期

[5] 吴云贵．1990．伊斯兰教继承制度概略．世界宗教研究：1990 年第 4 期

[6] Louis Charles Karpinsiki. 1915. Robert Chester's Latin Translation of the Algebra of Al-Khomarizmi. Chicago

[7] Jeffery A. Oaks and Haitham M. Alkhateeb. 2005. Māl, Enunciations, and Prehistory of Arabic Algebra. Historica Mathematica：vol. 32：400-425

[8] Jeffery A. Oaks and Haitham M. Alkhateeb. 2007. Simplified equations in Arabic Algebra. Historica Mathematica：vol. 37：45-61

[9] Frederic Rosen (edited and translate). 1831. Algebra of Mohammed Ben Musa. London